兒童營養餐
附影音教學
親手做

梅依舊 —— 著

序

孩子都3歲了，為什麼吃飯時那麼挑剔？
孩子6歲了，上學了，什麼便當營養方便？
孩子不吃蔬菜怎麼辦？
給孩子補鈣吃些什麼比較好？

孩子每到吃飯的時候都會出現各種問題，面對孩子吃飯的問題，爸爸媽媽總是感覺吃飯這件事，在孩子這裡怎麼這麼難？很多媽媽為了讓孩子多吃點飯，傷透了腦筋。

這本書，和我以往的食譜都不太一樣，卻是我最花心思的一本書。首先是要考慮3~6歲、7~12歲兩個階段的孩子的膳食平衡，跟著"膳食指南"來做飯，為孩子們設計了：孩子愛吃的開胃餐、營養早餐、快捷午餐、美味晚餐、健康加餐、日常調理餐等幾大部分。

簡單、方便、省力、營養、好吃是很多媽媽最簡單的訴求，那我們可能不謀而合了，我也是這麼想的。

食譜的挑選以"簡單的食材"、"簡潔的烹飪方式"、"營養豐富、美味健康"為原則，從買菜到做菜，再到拍攝，親做、親品、親拍攝，嘗試著不同的食材搭配，力求做出美味的兒童營養餐。

即使你以前從沒進過廚房，什麼都不會做，也別發愁，每一餐一步一圖，並給出了烹飪小妙招和關鍵營養素，書中同時附贈二維碼視頻，媽媽跟著視頻可以輕鬆學。

總之，媽媽可以把"大鳥銜食"的愛，親手融進為孩子製作的美食中，輕鬆製作屬於孩子的"愛心媽媽餐"，陪伴孩子快樂成長吧！

目錄　　　3

Part.1 製作兒童營養餐必知　　6

跟著「膳食指南」來做飯 ⋯⋯⋯⋯ 7
水果和蔬菜不可相互替代 ⋯⋯⋯⋯ 8
一年有四季，孩子飲食各有偏重 ⋯⋯⋯ 9
如何讓「無肉不歡」的孩子愛上蔬菜 ⋯⋯ 10
調味品怎麼添加才健康 ⋯⋯⋯⋯ 11
解讀長高密碼，科學補充重點營養素 ⋯⋯ 12

Part.2 孩子愛吃的開胃餐　　13

主食

蛋包飯 ⋯⋯⋯⋯⋯⋯⋯⋯⋯ 14
櫻花壽司 ⋯⋯⋯⋯⋯⋯⋯⋯ 16
錦繡小豆沙包 ⋯⋯⋯⋯⋯⋯ 18
南瓜奶皇包 ⋯⋯⋯⋯⋯⋯⋯ 20
生煎包 ⋯⋯⋯⋯⋯⋯⋯⋯⋯ 22
香蔥肉餅 ⋯⋯⋯⋯⋯⋯⋯⋯ 24
香菇肉絲湯麵 ⋯⋯⋯⋯⋯⋯ 25
蒜味鮮蝦義大利麵 ⋯⋯⋯⋯ 26

熱菜

五彩山藥 ⋯⋯⋯⋯⋯⋯⋯⋯ 28
香芒青瓜百合 ⋯⋯⋯⋯⋯⋯ 29
咕咾肉 ⋯⋯⋯⋯⋯⋯⋯⋯⋯ 30
番茄牛腩 ⋯⋯⋯⋯⋯⋯⋯⋯ 32
鳳梨雞丁 ⋯⋯⋯⋯⋯⋯⋯⋯ 34
蜜汁烤翅 ⋯⋯⋯⋯⋯⋯⋯⋯ 35
魚片捲蔬菜 ⋯⋯⋯⋯⋯⋯⋯ 36
西湖醋魚 ⋯⋯⋯⋯⋯⋯⋯⋯ 38

湯羹

胡蘿蔔雞肉丸湯 ⋯⋯⋯⋯⋯ 40
原盅椰子雞湯 ⋯⋯⋯⋯⋯⋯ 42
義式蔬菜湯 ⋯⋯⋯⋯⋯⋯⋯ 44
翡翠麵片湯 ⋯⋯⋯⋯⋯⋯⋯ 46
干貝菠菜湯 ⋯⋯⋯⋯⋯⋯⋯ 48

Part.3 營養早餐　　49

主食

牛肉蔬菜粥 ⋯⋯⋯⋯⋯⋯⋯ 50
鳳梨炒飯 ⋯⋯⋯⋯⋯⋯⋯⋯ 51
蝦仁蛋炒飯 ⋯⋯⋯⋯⋯⋯⋯ 52
草莓飯糰 ⋯⋯⋯⋯⋯⋯⋯⋯ 54
紅蘿蔔鮮蝦餛飩 ⋯⋯⋯⋯⋯ 56
叉燒包 ⋯⋯⋯⋯⋯⋯⋯⋯⋯ 58
鮮蝦燒賣 ⋯⋯⋯⋯⋯⋯⋯⋯ 60
芹菜雞蛋餅 ⋯⋯⋯⋯⋯⋯⋯ 62
陽春麵 ⋯⋯⋯⋯⋯⋯⋯⋯⋯ 63
鴨湯煨麵 ⋯⋯⋯⋯⋯⋯⋯⋯ 64
日式北極蝦烏龍麵 ⋯⋯⋯⋯ 66

西餐主食

番茄肉醬通心麵　　　　　68
鮪魚酪梨三明治　　　　　70
吐司布丁　　　　　　　　71
生菜雞肉捲　　　　　　　72
北極蝦吐司盞　　　　　　74

熱菜

鮮奶蒸蛋　　　　　　　　76
番茄厚蛋燒　　　　　　　78

涼菜

蝦仁拌菠菜　　　　　　　80

湯羹

紅糖酒釀蛋　　　　　　　81

Part.4 快捷午餐　　　　82

主食

五彩臘腸飯　　　　　　　83
茄汁肉丁飯　　　　　　　84
紅莧菜蛋炒飯　　　　　　86
紅燒牛腩麵　　　　　　　88
蔬菜肉丁拌麵　　　　　　90

熱菜

絲瓜燒毛豆　　　　　　　91
五福包　　　　　　　　　92
魚香嫩豆腐　　　　　　　94
彩椒牛柳　　　　　　　　96
叉燒雞片　　　　　　　　98
香煎鱈魚　　　　　　　　100
梅干菜蒸河蝦　　　　　　101

湯羹

西湖牛肉羹　　　　　　　102

涼菜

鮮蝦沙拉　　　　　　　　104
溫拌海螺　　　　　　　　106

Part.5 美味晚餐　　　　107

主食

艇仔粥　　　　　　　　　108
滷肉飯　　　　　　　　　110
雪菜蝦仁麵　　　　　　　112
蔬菜拌剪刀麵　　　　　　114
紫米荷葉夾　　　　　　　116
小兔火腿花捲　　　　　　118
佛手瓜水餃　　　　　　　120
湯包　　　　　　　　　　122

涼菜

涼拌黃瓜花　　　　　　　124

熱菜

塔香炒冬筍　　　　　　　125
香芋南瓜煲　　　　　　　126
荷香蓮藕粉蒸肉　　　　　128
花椰菜炒肉片　　　　　　130
醬燒羊排　　　　　　　　132
鱈魚蒸蛋　　　　　　　　134
蘆筍炒北極蝦　　　　　　136

湯羹

玉米紅蘿蔔排骨湯 ⋯⋯⋯⋯⋯⋯ 137
蝦泥蛋餃 ⋯⋯⋯⋯⋯⋯⋯⋯⋯⋯ 138
太子參清燉牛肉 ⋯⋯⋯⋯⋯⋯⋯ 140
紫菜蘿蔔絲蛤蜊湯 ⋯⋯⋯⋯⋯⋯ 142

Part.6 健康加餐　　143

零食小點

杏仁豆腐 ⋯⋯⋯⋯⋯⋯⋯⋯⋯⋯ 144
山楂糕 ⋯⋯⋯⋯⋯⋯⋯⋯⋯⋯⋯ 146
蜜汁金橘 ⋯⋯⋯⋯⋯⋯⋯⋯⋯⋯ 148
百里香烤紫胡蘿蔔 ⋯⋯⋯⋯⋯⋯ 149
酸甜鵪鶉蛋 ⋯⋯⋯⋯⋯⋯⋯⋯⋯ 150
毛巾捲 ⋯⋯⋯⋯⋯⋯⋯⋯⋯⋯⋯ 152
半熟芝士蛋糕 ⋯⋯⋯⋯⋯⋯⋯⋯ 154
巧克力裂紋曲奇 ⋯⋯⋯⋯⋯⋯⋯ 156
蜂蜜杏仁乳酪條 ⋯⋯⋯⋯⋯⋯⋯ 158
果味溶豆 ⋯⋯⋯⋯⋯⋯⋯⋯⋯⋯ 160

便攜便當

手鞠壽司 ⋯⋯⋯⋯⋯⋯⋯⋯⋯⋯ 162
紫米飯糰 ⋯⋯⋯⋯⋯⋯⋯⋯⋯⋯ 166
窩蛋臘腸煲仔飯 ⋯⋯⋯⋯⋯⋯⋯ 168
馬鈴薯雞翅便當 ⋯⋯⋯⋯⋯⋯⋯ 170
紅燒巴沙魚蓋飯 ⋯⋯⋯⋯⋯⋯⋯ 172

Part.7 日常調理餐　　174

健脾益味促進食慾

烏梅蜜番茄 ⋯⋯⋯⋯⋯⋯⋯⋯⋯ 175
杏甘小排 ⋯⋯⋯⋯⋯⋯⋯⋯⋯⋯ 176

提高免疫力

金湯海參 ⋯⋯⋯⋯⋯⋯⋯⋯⋯⋯ 178
香菇山藥粥 ⋯⋯⋯⋯⋯⋯⋯⋯⋯ 179

建腦益智

鱈魚粥 ⋯⋯⋯⋯⋯⋯⋯⋯⋯⋯⋯ 180
牡蠣煎蛋 ⋯⋯⋯⋯⋯⋯⋯⋯⋯⋯ 181

保護視力

芙蓉蛋捲 ⋯⋯⋯⋯⋯⋯⋯⋯⋯⋯ 182
松仁玉米 ⋯⋯⋯⋯⋯⋯⋯⋯⋯⋯ 184

助長增高

乳酪雞翅 ⋯⋯⋯⋯⋯⋯⋯⋯⋯⋯ 186
黑豆排骨湯 ⋯⋯⋯⋯⋯⋯⋯⋯⋯ 187

Part.8 飲品　　188

五豆豆漿 ⋯⋯⋯⋯⋯⋯⋯⋯⋯⋯ 189
奶香花生漿 ⋯⋯⋯⋯⋯⋯⋯⋯⋯ 189
山藥黑芝麻糊 ⋯⋯⋯⋯⋯⋯⋯⋯ 190
蘋果西芹紅蘿蔔汁 ⋯⋯⋯⋯⋯⋯ 190
火龍果汁 ⋯⋯⋯⋯⋯⋯⋯⋯⋯⋯ 191
香蕉雪梨奶昔 ⋯⋯⋯⋯⋯⋯⋯⋯ 191

Part.1

製作
兒童營養餐
必知

跟著「膳食指南」來做飯

兒童飲食特點：

3～6歲學齡前兒童雖然已經能自主進食，吃「餐桌飯」了，但是由於生理和生長發育特點，每天應該遵循「三餐＋兩點」的模式。兩正餐之間應間隔4～5小時，點心與正餐之間應間隔1.5～2小時。點心以奶類、水果為主，配以少量鬆軟麵點，注意點心不能影響正餐。

學齡期兒童對熱量和各種營養素的需求量更高，雖然不用嚴格遵照「三餐＋兩點」，但合理點心也是必要的。需要注意的是，早餐營養不足，會影響孩子的注意力和學習效率，所以早餐要豐富有營養。一份完美的早餐應該包括穀薯類主食、肉蛋奶豆等富含蛋白質的食物以及適量的蔬果。晚餐則不宜過飽、過於油膩，以免增加胃腸道負擔，誘發肥胖，影響睡眠。

孩子越小，脂肪相對需求量越多：

建議0～6個月嬰兒脂肪供能比為48％，6～12個月嬰兒為40％，1～3歲幼兒為35％，4歲之後為20～30％。所以孩子越小，對脂肪的需求量越大。

脂肪在體內發揮著重要作用，為我們的生活提供熱量、構成人體組織（特別是大腦發育）、調節體溫、保護內臟器官、促進維生素吸收等。正確且適量地攝入脂肪，有利於孩子身體健康。

脂肪供能比：脂肪供應熱能的比例。

兒童食譜烹飪特點：

在烹調方式上，儘量少用油炸、炭烤、煎等高溫烹調方式，宜採用蒸、煮、燉、煨的方式。少用或不用味精、雞精等調味料，可選天然香料，如蔥、蒜、洋蔥、檸檬、香草等調味。

植物油 20 ～ 25 克　　　　　　　　　　　　　　　植物油 20 ～ 25 克

奶類或乳製品 350 ～ 500 克　　　　　　　　　　　奶類或乳製品 300 克
豆類 15 克　　　　　　　　　　　　　　　　　　　豆類 15 克

肉、蛋、魚 70 ～ 105 克　　　　　　　　　　　　　肉、蛋、魚 105 ～ 120 克

蔬菜 250 克左右　　　　　　　　　　　　　　　　　蔬菜 300 克左右
水果 100 ～ 150 克　　　　　　　　　　　　　　　　水果 150 ～ 200 克

穀類 100 ～ 150 克　　　　　　　　　　　　　　　　穀類 150 ～ 200 克

水果和蔬菜不可相互替代

眾所周知，多吃蔬菜、水果，有利於身體健康。儘管蔬菜和水果在營養功效方面有很多相似之處，比如都富含鉀、維生素 C、膳食纖維，但它們有各自的特點，我們不能簡單地通過吃水果來替代蔬菜。

水果熱量、酸度高於蔬菜：

從熱量角度看，水果更甜，含有多的碳水化合物、有機酸和芳香物質。因此一般孩子更容易接受水果而不是蔬菜。但用水果代替蔬菜，有可能會導致體內血糖升高，引發齲齒和肥胖。

蔬菜植物化學物含量更高：

蔬菜種類繁多，含有更多具有抗氧化、抗感染、調節免疫等作用的植物化學物。

吃法有別：

除了番茄、黃瓜等，一般蔬菜都需要加熱烹飪。而水果不經烹調可以直接食用，可以保存更多的營養物質。需要指出的是，蔬果榨汁以後，其營養成分會發生變化，維生素和礦物質大量流失，熱量、含糖量大幅提高，所以新鮮的蔬果更有營養，不能用蔬果汁替代完整的蔬果。

一年有四季，孩子飲食各有偏重

四季氣候特點各有不同，對人體的影響也是不同的。孩子在各個季節的消化能力、生長都各有特點，所以不同季節的飲食應該有不同的重點。

春季生長快，重點補充蛋白質、鈣：

春季萬物生髮，父母也會發現孩子在春天長得比較快，這時營養跟上很重要。優質蛋白質要合理攝取，及時補充富含鈣和維生素D的食物，如：奶類或乳製品、蝦皮、海魚、紫菜、綠色蔬菜、豆製品、芝麻、香菇等，都是補鈣的好選擇。

夏季容易食慾不佳，食物要易消化：

夏季孩子出汗多，體力消耗大，食慾普遍不太好，食物應清淡質軟、易消化、富含水分。少吃煎炸、油膩、辛辣食品，多喝溫水，少喝冷飲、少吃冰品，以保護腸胃功能。可以採取少量多餐的辦法，適當多吃應季蔬果。

秋季不要著急進補：

剛從夏季進入秋季的時候，孩子脾胃還沒有調整好，此時如果急著進補，特別是吃大魚大肉，會驟然加重脾胃負擔，從而導致消化功能紊亂。所以，初秋可先補些調理脾胃的食物，給脾胃一個調整適應的過程。秋季孩子的飲食以潤燥養肺為主，多吃白蘿蔔、雪梨、銀耳等潤肺去燥的食物。

冬天不要過分食補：

冬天天氣寒冷乾燥，基本飲食原則是斂陰護陽。冬天給孩子多吃些溫性食物，如酒釀小圓子、香芋南瓜煲、紅燒羊肉等，使孩子獲得足夠的熱量以增強禦寒能力。

如何讓「無肉不歡」的孩子愛上蔬菜

隨著孩子年齡的增加，挑食的比例也有所上升，其中不喜歡蔬菜的兒童人數最多。

讓孩子熟悉各種蔬菜的味道：

孩子 5～8 個月時是養成口味最為重要的時期，如果從小偏愛吃肉，不愛吃蔬菜，長大後就可能不愛吃蔬菜。因此，培養孩子愛吃蔬菜的習慣要從添加輔食時開始，在孩子相應月齡裡添加各種蔬菜，讓孩子熟悉不同蔬菜的味道。

改變蔬菜外觀：

改變蔬菜的形狀，可將蔬菜切碎剁成菜泥或是做成蔬菜汁。剛開始添加蔬菜時量不要太多，循序漸進地添加。市面上有各種可愛的食物模具，能將蔬菜和其他食材做出不同造型。食物變可愛了，孩子會更願意嚐一嚐。

使用不同的烹調方式：

想讓孩子喜歡上蔬菜，也得在烹調方式上下功夫。同樣的蔬菜，利用不同的烹調方式，可以做出完全不同的味道。米飯中加入蔬菜一起烹調，做成蔬菜飯，可豐富食物顏色，顏色鮮豔的食物對孩子也是很有吸引力的。或是將肉類和蔬菜做成包子餡、餃子餡、餛飩餡等，或者是做成雜蔬餅、雜蔬飯等，都能讓孩子在不知不覺中吃進蔬菜。

調味料怎麼添加才健康

大多數家庭給孩子做飯的時候都在糾結要不要添加調味料、添加多少。鹽、味精的添加可是有講究的，下面就來聊一聊這個話題。

鹽：

需要指出的是，1 歲內的孩子不用添加任何調味品，包括糖、鹽、蜂蜜、醬油等。

1 ～ 3 歲每日鈉攝取量是 700 毫克，簡單算，1.8 克鹽都不到（2.5 克鹽中含有 1 克鈉）；4 ～ 6 歲每日鈉攝取量是 900 毫克，2.3 克鹽都不到；7 ～ 10 歲每日鈉攝取量是 1200 毫克，3 克鹽都不到；11 歲開始才接近成人，即相當於 6 克鹽。　所以孩子的飲食始終強調清淡，少鹽、少油、少糖、不辛辣。

味精：

味精的主要成分是麩氨酸鈉，雖然能使食物味道更鮮美，但是其中含不少鈉，也是隱形鹽的來源。所以 1 歲內也不建議添加味精或雞精。對孩子來說，調味料越晚加、越少加越好。

解讀長高密碼，科學補充重點營養

父母都希望孩子長得又高又壯，除了遺傳因素，良好的營養供給也很重要。想長高，這些營養不可少。

優質蛋白質：

富含優質蛋白質的食物有：瘦肉、動物血、去皮禽肉、魚、蝦、蛋類、奶類或乳製品、大豆（黃豆、黑豆、青豆）及其製品等。

鈣：

富含鈣的食物有：奶類或乳製品、大豆及其製品、芝麻醬、香菇、海帶等。其中奶類或乳製品是孩子每天必備品。

維生素 D：

富含維生素 D 的食物有：海魚、奶類或乳製品、芝麻醬、香菇、蛋黃等。總體來說，食物中所含維生素 D 普遍不高。 曬太陽是合成維生素 D 的好方法，所以孩子每天應該有 1 小時的戶外運動。

鐵、鋅：

富含鐵的食物有：動物血、動物內臟、紅肉；富含鋅的食物有：牡蠣、牛 肉、動物肝臟。

雖然有的植物性食物中也含有鐵、鋅，但吸收率沒有動物性食物好。需要注意的是，鐵、鋅的缺乏 不但會影響食慾、引起貧血，還會降低免疫功能、影響生長發育和智力。

碘：

富含碘的食物主要是海產品，特別是紫菜、海帶、干貝、海魚等。缺碘會影響甲狀腺的功能，引起呆小症，其主要表現是智力低下、身材矮小、聽力障礙等。

- 本書中除橄欖油、香油，其他植物油未在調味料中寫出。
- 書中有的食譜為了實際操作方便，並不侷限於一人份。

Part.2
孩子愛吃的
開胃餐

蛋包飯

主食

掃 QR Code
看影片示範

關鍵營養

碳水化合物
維生素 B 群

做法

01

韭菜燙好備用；小黃瓜、火腿洗淨，切丁。

02

雞蛋打散備用。

03

鍋內倒油，下香蔥末炒香，下小黃瓜丁、火腿丁、玉米粒翻炒。

04

倒入米飯翻炒均勻。

05

加入鹽，炒勻取出。

06

鍋內放少許油，倒入打散後的蛋液，轉動鍋子，使蛋液均勻地鋪滿鍋底，攤成蛋皮。

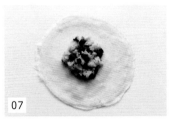

07

取出蛋皮，放入炒好的米飯，用蛋皮包裹住炒好的飯料。

08

再用燙過的韭菜綁起即可。

食材

米飯 1 小碗，雞蛋 2 個，玉米粒、小黃瓜、火腿各 20 克，韭菜 2 棵。

調味料

香蔥末 10 克，鹽 2 克。

烹飪 Tips

如果攤成蛋皮時總是裂開，可以在蛋液中加入少量麵粉。

櫻花壽司

主食

掃 QR Code
看影片示範

關鍵營養

碳水化合物
鈣

做法

01

米飯煮好後趁熱加入壽司醋,拌勻。

02

雞蛋打散,倒入鍋中攤成蛋皮,捲起取出。

03

小黃瓜、熱狗、蛋皮切條狀。

04

在壽司捲簾上鋪一層保鮮膜,然後放上半張海苔,鋪上一層米飯。海苔的一端鋪滿,一端留出大約 1.5 公分的空間,不要放米飯。

05

黃瓜條、熱狗、蛋皮條放在米飯上,抹上沙拉醬。

06

將壽司捲起來。

07

用捲簾壓成一邊尖的水滴狀。

08

切段。

09

在壽司表面沾上一層櫻花魚鬆。

食材

米飯 1 碗,海苔 1 張,小黃瓜、熱狗各 1 根,雞蛋 2 個。

調味料

壽司醋 5 克,櫻花魚鬆粉、沙拉醬各適量。

烹飪 Tips

- 櫻花魚鬆粉和壽司醋可以在網上或者大型日式超市購買,魚鬆粉調味料沒有也可以不放,口感和味道會不太一樣。沒有壽司醋也可以自己做:2 克鹽、20 克白糖、50 克糯米醋調勻即可。

- 壽司最好現吃現做,不要用隔夜剩米飯,現煮的米飯口感最好。需要注意的是,儘量把米飯與食材貼緊,不然容易散開。

- 也可以把沙拉醬換成優酪乳,打造不一樣的口感。

錦繡小豆沙包

主食

掃 QR Code
看影片示範

關鍵營養

碳水化合物
維生素 B 群

做法

01

將中筋麵粉、酵母粉放入盆中,加入溫水攪拌均勻成麵糰(略軟些)。

02

放到溫暖處醒麵,發至 2 倍大。

03

麵糰和紅豆餡各分成 6 份。

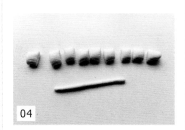

04

取 1 個麵糰,均分成 10 份,將每個搓成圓麵條。

05

把麵條編成如圖的圖案。

06

放入紅豆餡,切去四邊。

07

收攏所有的麵條,去掉多餘部分,包好。

08

將包好的豆沙包再次發酵約 30 分鐘。

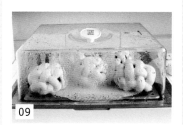

09

入鍋蒸 20 分鐘即可。

食材

中筋麵粉 200 克,紅豆餡 120 克,酵母粉 2 克。

烹飪 Tips

麵糰不宜搓得太粗,否則包出來的豆沙包太大,不容易熟,也不好看。

南瓜奶皇包

主食

掃 QR Code
看影片示範

關鍵營養

維生素 B 群
鈣

做法

01

南瓜洗淨，去皮去籽，切塊，上鍋蒸熟。

02

將南瓜和中筋麵粉、酵母一起放入盆中。

03

揉成光滑的麵糰。

04

發酵至 2 倍大。

05

麵糰發酵期間來做奶皇餡。將牛奶、發酵奶油、白糖、雞蛋、玉米澱粉放入小鍋中。

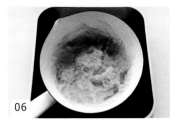

06

加熱煮至濃稠狀，加熱過程中不斷攪拌，避免糊底。

07

奶皇餡取出，待涼備用。

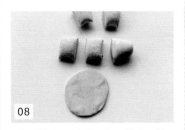

08

麵糰排氣後，分成 6 個，擀成圓片。

09

包入奶皇餡。

10

收口朝下，上面壓一個洞。

麵糰食材

栗子南瓜 120 克，中筋麵粉 200 克，酵母 2 克。

奶皇餡食材

牛奶 50 克，發酵奶油 15 克，白糖 20 克，雞蛋 1 個，玉米澱粉 25 克。

烹飪 Tips

- 南瓜的含水量不同，用量也不一樣，酌情加減。
- 關火後，在鍋中稍洩氣再揭開鍋蓋，避免奶皇包回縮、塌皮。

11

用刮板壓上花紋，再次發酵 30 分鐘。

12

水滾放入蒸籠中，有蒸氣後計時 15 分，關火，洩氣後取出即可。

生煎包

主食

做法

01

中筋麵粉、酵母加入溫水攪拌均勻成麵糰，醒麵發酵 30 分鐘。

05

麵糰分割每個 40 克擀成圓片。

02

豬絞肉中加入鹽、甜麵醬、米酒、香油，順一個方向攪拌均勻。

06

放入餡料，包成包子。

03

竹筍洗淨，去皮，切片，汆燙，撈出。

07

鍋中淋少許油，將生包子放入鍋中。

04

筍片切末，與蔥末一起放入肉餡中，拌勻。

08

蓋上蓋煎 2 分鐘，倒入清水，水量淹過包子底即可。

09

撒少許黑芝麻，淋入少許油，撒香蔥末，再蓋鍋蓋燜煎 5 分鐘。底部呈焦黃色時離火即可。

食材

中筋麵粉、豬絞肉各 200 克，
酵母 2 克，竹筍 100 克，
溫水 110 克，黑芝麻少許。

調味料

蔥末 10 克，鹽 2 克，甜麵醬 6 克，
米酒 8 克，香油適量。

烹飪 Tips

水煎包的餡料不能太濕，麵皮也不能太軟太薄，否則受熱後會出湯，滋味也就隨著湯汁跑掉了。

香蔥肉餅

主食

掃 QR Code
看影片示範

關鍵營養

碳水化合物
鐵

食材

中筋麵粉 100 克，酵母 2 克，
豬絞肉 150 克，蔥末 50 克。

調味料

香油 5 克，鹽 2 克，醬油 10 克。

烹飪 Tips

- 這款肉餅用的是半發麵。

- 如果怕不熟，或者烙出的餅
  硬，可以中途在鍋底噴少許
  水，然後蓋上蓋子燜一下，
  最後再去蓋把皮煎脆就行
  了。

做法

01

中筋麵粉、酵母放入盆中，加水和
成麵糰，醒發 30 分鐘，不需完全發
酵。

02

豬絞肉加入鹽、蔥末 10 克、香油、
醬油，拌勻。

03

取出麵糰分成 6 份，揉圓。

04

取一份麵糰擀成長條，在一端淋油，
撒適量蔥末，放上肉餡。

05

從一端邊拉邊捲，捲好後按扁。

06

放入平底鍋中烙熟。如果烙出的餅
發硬，中間可噴點水，以保持濕潤。

香菇肉絲湯麵

主食

食材

生麵條 50 克，油菜心 1 棵，鮮香菇 1 朵，瘦肉絲 30 克。

調味料

醬油 5 克，太白粉 2 克。

烹飪 Tips

* 做好的麵條中可淋入香油調味。

* 配菜也可根據自己的喜好換成高麗菜、小白菜等。

關鍵營養

碳水化合物

做法

01

油菜心洗淨；鮮香菇洗淨，去蒂，切成細絲。

02

瘦肉絲加醬油、太白粉拌勻。

03

鍋中放入少許油，將肉絲炒至變色，放入香菇絲，炒熟出鍋。

04

鍋中放入清水，煮開後下麵條，起鍋前放入油菜心。

05

麵條煮熟後盛入碗中，放入炒好的香菇肉絲和油菜心即可。

蒜味鮮蝦義大利麵

主食

掃 QR Code
看影片示範

關鍵營養

鋅、鈣

做法

01

先燒一鍋水加鹽（額外備）煮沸，下義大利麵，開始時不斷攪拌，以防黏在一起。按包裝上建議時間煮即可，注意提前 1 分鐘左右撈出。

02

煮麵中，把西芹洗淨切碎，洋菇洗淨切片。

04

鍋中放入橄欖油，放入蝦仁煸炒至變色，取出備用。

03

蝦洗淨，去殼、去頭、去蝦腸。

05

下蒜末、西芹碎炒香，放入洋菇片炒軟，加入鹽、黑胡椒、白酒調味。

食材

蝦 8 隻，意大利麵 50 克，洋菇 4 個。

調味料

鹽 2 克，蒜末 10 克，西芹 15 克，白酒 20 克，黑胡椒、橄欖油各適量。

烹飪 Tips

- 煮麵時水鍋要寬，加點鹽麵條更 Q 勁。

- 準備一隻湯鍋和一隻炒鍋同時開始，湯鍋煮麵，炒鍋做醬，7 ～ 8 分鐘即可上桌，節約時間。

06

將煮熟的義大利麵、蝦放入鍋中翻炒，撒西芹碎再次調味，即可裝盤。

五彩山藥

熱菜

關鍵營養

維生素 C
膳食纖維

食材

山藥、胡蘿蔔、玉米粒、紅甜椒、青豆各 50 克。

調味料

鹽 2 克，蔥末 5 克，香油適量。

烹飪 Tips

山藥去皮時可戴上手套，以防山藥的黏液刺激皮膚。

做法

01

山藥、胡蘿蔔洗淨、去皮，切丁；紅甜椒洗淨，切塊。

02

鍋中加清水，放入玉米粒、青豆燙熟，撈出瀝水。

03

鍋中放油，燒熱後，下蔥末炒香，放入山藥丁、胡蘿蔔丁翻炒。

04

再將玉米粒、青豆放入鍋中炒勻，出鍋時放入紅甜椒塊，加入鹽、香油，炒熟即可。

香芒青瓜百合

熱菜

關鍵營養

維生素 C
胡蘿蔔素

食材

中型芒果 1 個，櫛瓜 1 根，
百合 50 克。

調味料

鹽 2 克，太白粉水 15 克。

烹飪 Tips

- 炒製的時間不宜過長，都是
  易熟的食材，且鹽味不宜過
  重。

- 為了保持清爽的口感和色
  澤，這道菜儘量不放醬油。

做法

01

芒果去皮、去核，切丁；櫛瓜洗淨，
切丁；百合洗淨，掰成片。

02

鍋中放油，油熱後放入櫛瓜丁、百
合翻炒，炒至百合變透明。

03

再放入芒果丁略翻炒。

04

加入鹽炒均，倒入太白粉水勾芡即
可出鍋。

咕咾肉

熱菜

掃 QR Code
看影片示範

關鍵營養

蛋白質
維生素 C

做法

01

彩椒、胡蘿蔔洗淨，切片；鳳梨取肉，切片。

02

豬梅花肉洗淨，切小塊，放入碗中，放入鹽，打入雞蛋拌勻。

03

碗裡調入醬油、白糖、太白粉、白醋，製成醬汁。

04

將豬梅花肉塊全部裹上麵粉。

05

鍋內油燒熱，下肉塊炸，待肉表皮變硬即可撈出。

06

等到鍋裡的油溫再次升高，放入肉塊再炸一次，撈出瀝油。

07

鍋燒熱放少許油，放入番茄醬炒出紅汁，倒入醬汁，燒至稍微變濃稠。

08

放入鳳梨片和彩椒片、胡蘿蔔片炒勻，放入炸好的肉塊，大火快炒幾下，將肉塊裹上番茄汁即可。

食材

豬梅花肉 200 克，鳳梨半個，彩椒、胡蘿蔔各 50 克，雞蛋 1 個。

調味料

鹽 1 克，太白粉 2 克，醬油、白糖、番茄醬、白醋各 10 克，麵粉適量。

烹飪 Tips

再炸可以讓肉的口感更酥脆。

番茄牛腩

熱菜

關鍵營養

蛋白質
鋅

做法

01 牛腩泡水 30 分鐘，將牛腩切小塊。

05 番茄洗淨，切十字刀，放入開水中燙一下，去皮。

02 牛腩塊涼水入鍋，水燒開煮 3 分鐘。

06 番茄切塊。

03 牛腩塊撈出沖洗乾淨，放入鍋中，加入薑片、沙薑、蔥段、桂皮，大火燒開。

07 起油鍋，燒熱，下番茄塊翻炒。

04 加入鹽，轉小火煮至軟爛。

08 炒勻後倒入牛腩塊。

09 加入醬油，燉至湯汁濃稠即可出鍋。

食材

牛腩 450 克，番茄 2 個。

調味料

沙薑 1 個，桂皮 1 塊，鹽 3 克，蔥段、薑片各適量，醬油 10 克。

烹飪 Tips

用高壓鍋燉牛肉，再加番茄炒，更省時省力。

鳳梨雞丁

熱菜

關鍵營養

維生素 C
硒

食材

雞胸肉、鳳梨各 100 克，
豌豆粒 50 克。

調味料

醬油、番茄醬各 8 克，
蠔油、太白粉各 3 克。

烹飪 Tips

· 鳳梨去皮後可放入淡鹽水中
   略泡，口感更好。

· 由於加了醬油、番茄醬鹹味
   已經夠了，不用額外加鹽。

做法

01

鳳梨去皮，切丁。

03

豌豆粒洗淨，燙好備用。

05

下入豌豆粒、鳳梨丁翻炒均勻即可
出鍋。

02

將雞胸肉洗淨切丁，放入大碗中，
加太白粉、蠔油，醃 15 分鐘。

04

鍋中放入油，油熱後下雞丁翻炒至
變色，加入番茄醬和醬油，炒勻。

蜜汁烤翅

熱菜

掃 QR Code
看影片示範

關鍵營養

蛋白質
脂肪

食材

雞翅 10 隻。

調味料

甜麵醬 20 克，
米酒、蠔油、醬油各 10 克，
白糖 5 克，胡椒粉 3 克，
蜂蜜少許。

烹飪 Tips

烤盤中鋪錫箔紙，可以刷一層油
防黏，特別是普通烤盤必須要鋪
錫箔紙，蜂蜜糖分高，黏到烤盤
上很難清洗。

做法

01

雞翅洗淨，用刀劃兩刀，放入碗裡，
加入甜麵醬、蠔油、醬油、白糖、
米酒、胡椒粉拌勻。醃漬 3 小時或
冷藏過夜。

02

烤盤中鋪錫箔紙，放入雞翅，刷調
好的蜂蜜液。

03

烤箱預熱 180℃，待烤箱預熱好後，
放入烤盤，中層烤 20 分鐘左右，中
間翻面一次，刷蜂蜜液，烘烤時間
依各自烤箱而定。

魚片捲蔬菜

熱菜

關鍵營養

蛋白質
胡蘿蔔素

做法

01
鯛魚洗淨，切蝴蝶片，就是兩片連一起。

02
蘆筍洗淨，去除老掉根部，切段；
胡蘿蔔洗淨，切條。

04
捲好，用蔥綁起來。

03
將魚片打開，放上蘆筍段和胡蘿蔔
條。

05
放入魚盤中，放進蒸鍋中，大火蒸
5～8分鐘即可。

食材

鯛魚60克，蘆筍5根，
胡蘿蔔30克。

調味料

醬油、蒸魚豉油各5克，
香油適量，蔥5根。

烹飪 Tips

- 買魚的時候盡量選魚刺少
  的。

- 魚肉極易熟，所以不用蒸太
  長時間，不然口感會很柴。

06
將醬油、蒸魚豉油、香油調成醬汁。取出蒸好的魚，倒掉盤中的水，淋入醬
汁即可。

西湖醋魚

熱菜

掃 QR Code
看影片示範

關鍵營養

蛋白質

做法

01 草魚洗淨，用鋒利的刀連著魚頭片成兩大片。

02 魚背不要切斷，並在魚背上厚肉處分別劃斜刀。

04 留適量的煮魚湯製作湯汁，加入醬油、紹興酒、白糖、薑末、鹽、胡椒粉和大紅浙醋。

03 炒鍋內放大半鍋水煮沸，將相連的魚片入水，魚皮朝上，大火煮3分鐘後。用漏勺將魚撈出，盛盤備用。

05 大火將湯汁燒滾，最後倒入太白粉水，用大勺攪動，燒成紅亮的芡汁。

食材

草魚600克（1尾）。

調味料

醬油10克，
紹興酒、大紅浙醋各30克，
胡椒粉3克，白糖12克，
薑末5克，鹽2克，
太白粉水適量。

烹飪 Tips

- 草魚不要太大，否則口感不夠鮮嫩。煮魚時，可用筷子戳一下，若能輕鬆戳進去即是熟了。

- 如果沒有大紅浙醋，可用鎮江醋替代。

06 將湯汁均勻淋於兩片煮熟的魚肉上即可。

胡蘿蔔雞肉丸湯

湯羹

關鍵營養

蛋白質

做法

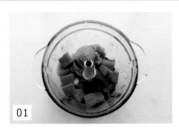

01

胡蘿蔔洗淨去皮，切塊後與雞胸肉一起放入調理機中打成泥。

02

將雞肉泥加入鹽、醬油、雞蛋、太白粉、胡椒粉、香油、蔥末，朝一個方向攪拌均勻至產生黏性。

03

鍋中加水煮至微開，用小勺將雞肉泥做成球狀，不要太大。

04

燒一鍋水，微滾時將丸子依次放入鍋內，煮至浮起。

食材

雞胸肉 100 克，胡蘿蔔 50 克，雞蛋 1 個。

調味料

蔥末 10 克，鹽 1 克，
醬油 5 克，太白粉 2 克，
香菜段、胡椒粉、香油各適量。

烹飪 Tips

- 丸子不要做得太大。

- 水燒至微開時就要下丸子，如在水滾狀態下丸子，則會散掉。

05

撈除浮沫，撒入香菜段即可。

原盅椰子雞湯

湯羹

掃 QR Code
看影片示範

關鍵營養

蛋白質
膳食纖維

做法

01

在超市選這種開口的椰子。

02

紅棗、枸杞泡軟。

03

椰子開口倒出椰汁。

04

雞洗淨，剁成小塊，加入薑片、蔥段、米酒和鹽。

05

用手抓至黏手起膠，蒸出的雞會特別滑嫩。

06

把紅棗、枸杞子塞到椰子殼裡，放入雞塊。倒入椰汁，注意不要加水，這樣做出來的雞湯才鮮甜。

07

蓋上椰蓋，將椰子放在一個小碗上，放入蒸鍋中。

08

蓋上蓋子，大火燒開後轉中火蒸 1 小時即可。

食材

椰子 2 個，土雞半隻，
枸杞 15 克，紅棗 6 顆。

調味料

薑片、蔥段各 5 克，
米酒 10 克，鹽 2 克。

烹飪 Tips

- 最好選擇小土雞，或者大雞腿，油少不膩，才能與椰子的清爽相搭。
- 最好在超市選購開口的椰子。
- 烹飪時用椰汁，不可加水才能做出真正的"原盅"味道。

義式蔬菜湯

湯羹

掃 QR Code
看影片示範

關鍵營養

維生素 C
膳食纖維

做法

01 番茄洗淨,劃十字,用開水燙後去皮,切塊。

02 洋菇洗淨,切片;胡蘿蔔、馬鈴薯、洋蔥、紫甘藍洗淨,馬鈴薯去皮、切塊,其他蔬菜直接切塊。

04 下胡蘿蔔塊、馬鈴薯塊、紫甘藍塊、洋菇片炒勻。

03 鍋中放入橄欖油,下洋蔥塊、蒜末爆香。

05 放入番茄塊炒軟,加入鹽、番茄醬略炒。

食材

番茄 1 個,胡蘿蔔、馬鈴薯、洋蔥、紫甘藍各 30 克,洋菇 2 個。

調味料

蒜末 15 克,番茄醬 10 克,西洋芹碎、橄欖油各適量,鹽少許。

烹飪 Tips

沒有西洋芹,可以不放,或放香菜也可以。

06 放適量清水,燒開後轉小火煮 10 分鐘,出鍋前撒西洋芹碎即可。

翡翠麵片湯

湯羹

掃 QR Code
看影片示範

關鍵營養

碳水化合物
膳食纖維

做法

01

菠菜洗淨，入沸水氽燙 1 分鐘，撈出放涼。

02

番茄洗淨，放沸水中略燙，撈出去皮，切塊。

03

菠菜稍擠水分，切段，放入果汁機中，加水，打成菠菜汁。

04

麵粉中加入 1 克鹽，一點一點地倒入菠菜汁，揉成光滑偏硬的麵糰。麵糰覆蓋保鮮膜，靜置醒麵發酵。

05

雞蛋打入碗中，打散。

06

取出麵糰，擀成薄片，切條。

07

炒鍋放油燒熱，放入蔥末炒香，下番茄塊炒軟。

08

倒入足量水，燒開，將麵條捏成小片狀，放入鍋中。

09

麵片煮熟後，淋入蛋液，不停攪拌。

10

加入 1 克鹽，關火，淋入香油攪勻即可。

食材

菠菜 150 克，中筋麵粉 100 克，番茄、雞蛋各 1 個。

調味料

蔥末 10 克，鹽 2 克，香油適量。

烹飪 Tips

菠菜汁的濃度不同，麵粉的吸水量也不同，所以用量也稍不同，菠菜汁要一點一點地加，和好的麵糰要稍硬些較好。

干貝菠菜湯

湯羹

關鍵營養

胡蘿蔔素
鋅

食材

菠菜 200 克，干貝 60 克，
北極甜蝦 80 克。

調味料

鹽 2 克，香油適量。

烹飪 Tips

菠菜要提前汆燙，去除草酸。

做法

01

將洗淨的菠菜汆燙一下。

02

將干貝洗淨，略泡後與北極甜蝦一
起放入鍋中，一次性加足量的清水，
大火燒開，轉小火煮 5 分鐘。

03

干貝、北極甜蝦煮出鮮味，下菠菜
煮開。

04

加入鹽、香油即可關火。

Part.3

營養早餐

牛肉蔬菜粥

主食

關鍵營養

鋅、鐵

食材

牛肉 70 克,白米 30 克,
油菜 1 棵。

調味料

薑絲、醬油各 5 克,
白胡椒粉、太白粉各 2 克。

烹飪 Tips

- 水燒開後再放入白米不易黏底。
- 如果牛肉一下全部放入,很可能會出現受熱不均的情況,所以要一片一片放入。

做法

01

白米洗乾淨,加水浸泡 1 小時。

03

牛肉洗淨、切片,加入醬油、沙拉油、太白粉、薑絲,抓勻,醃漬 15 分鐘。

05

煮至濃稠時放入牛肉片,迅速攪散,放入薑絲、白胡椒粉。

02

鍋中加適量水,大火煮沸,放入白米煮開,改小火煮至黏稠。

04

油菜洗淨,切碎。

06

改大火煮至牛肉片變色,下油菜碎略煮,關火即可。

鳳梨炒飯

主食

掃 QR Code
看影片示範

關鍵營養
碳水化合物
維生素 C

食材

鳳梨半顆，米飯 1 碗，
櫛瓜、胡蘿蔔各 30 克，
熱狗 1 根，雞蛋 1 個。

調味料

鹽 2 克，番茄醬 10 克，蔥末 5 克。

烹飪 Tips

- 為了省時間，可以買去皮的鳳梨，回來直接切粒炒製。

- 米飯也可以不用先炒，和配料一起炒，但不如分開炒口感鬆散。

做法

01
熱狗、櫛瓜、胡蘿蔔洗淨，切丁。

03
米飯中打入雞蛋，拌勻。

05
鍋中另放油，放入蔥末炒香，倒入櫛瓜丁、熱狗丁、胡蘿蔔丁、鳳梨丁翻炒。

02
鳳梨用挖的取出果肉，保留外皮的完整，果肉切丁，備用。

04
鍋中放油，下米飯炒至鬆散，取出。

06
放入米飯炒勻，加入鹽、番茄醬調味，拌炒至熟，盛入鳳梨殼內即完成。

蝦仁蛋炒飯

主食

關鍵營養

碳水化合物
卵磷脂

做法

01 熱狗切丁；菜心洗淨,切粒。

02 蝦仁燙熟。

03 雞蛋打入碗中,打散。

04 鍋燒熱放油,下雞蛋炒散,取出備用。

05 鍋中不再放油,下蔥末炒香,放入熱狗丁、菜心粒炒勻。

06 倒入米飯、雞蛋炒散。

07 倒入蝦仁炒勻。

08 加入鹽調味,炒勻起鍋即可。

食材

白飯 1 碗,熱狗 1 根,菜心 1 棵,蝦仁 30 克,雞蛋 2 個。

調味料

蔥末 10 克,鹽 1 克。

烹飪 Tips

- 蝦仁不用過油,燙至熟即可,可減少油脂的攝取量。
- 最好用吃剩的白飯,口感鬆散好吃。

草莓飯糰

主食

掃 QR Code
看影片示範

關鍵營養

碳水化合物
鐵

做法

01 黃瓜洗淨，去皮，皮切小片和條狀，做成草莓蒂。

04 在桌面鋪上保鮮膜，放上熟米飯，放上肉鬆。

02 去皮的黃瓜切丁；熱狗切丁；油條切段

05 放上油條段、黃瓜丁、熱狗丁、榨菜，擠上沙拉醬。

03 熟米飯中加入櫻花魚鬆粉，拌勻。

06 用保鮮膜包裹，整形成草莓形狀。

食材

熟米飯 1 碗，肉鬆 20 克，
黃瓜 30 克，油條、熱狗各 1 根，
榨菜 10 克，黑芝麻少許。

調味料

櫻花魚鬆粉 5 克，
沙拉醬、黑芝麻各適量。

07 取出飯糰，裝飾上黑芝麻和草莓蒂即可。

烹飪 Tips

- 櫻花魚鬆粉可用蔬菜粉代替，或者用紅心火龍果汁也可。

- 這款飯糰用到了油條、熱狗，熱量較高，且促食的作用，但不宜經常食用。如果想低脂，也可不用油條。

紅蘿蔔鮮蝦餛飩

主食

做法

01 胡蘿蔔洗淨，切丁；蝦仁洗淨，去腸泥；將胡蘿蔔丁、蝦仁放入調理機中，打成泥。

04 對折後，將兩個角捏緊，製成餛飩。

02 將胡蘿蔔蝦泥放入碗中，加入鹽、醬油、胡椒粉、香油、蔥末拌勻。

05 小白菜洗淨，切碎。

食材

餛飩皮 10 張，胡蘿蔔 30 克，鮮蝦仁 50 克，小白菜 1 棵。

03 取一片餛飩皮，放入餡料。

06 鍋中加水燒開，下餛飩煮熟。

調味料

鹽 1 克，醬油 5 克，胡椒粉 2 克，蔥末 10 克，香油適量。

07 下小白菜碎燙一下，即可。

烹飪 Tips

想讓餡料口感更彈滑，也可加入蛋清攪拌。

叉燒包

主食

掃 QR Code
看影片示範

關鍵營養

碳水化合物
蛋白質

做法

01 麵粉、白糖、酵母粉放入盆中,加水攪拌均勻成麵糰,放置發酵。

06 麵糰發酵至有蜂窩狀。

02 五花肉切成寬長條(1公分寬即可),汆燙後放涼。

07 把麵糰揉一下,分成6份,擀成中間稍厚邊緣薄的麵皮。

食材

中筋麵粉 200 克,
白糖、酵母粉各 2 克。

03 五花肉橫切成片,再改刀切成丁,加入鹽、白糖、蠔油、叉燒醬拌勻。

08 放入叉燒餡,捏成三角形。

調味料

五花肉 150 克,鹽、白糖各 2 克,
蠔油 5 克,叉燒醬 15 克,
中筋麵粉、玉米粉各 20 克。

04 再放入麵粉、玉米粉、適量清水,拌勻。

09 將三個角收攏,捏緊。

烹飪 Tips

- 麵糰裡沒添加泡打粉和銨粉,所以不會像飯店裡的叉燒包會開花。

- 最後一步蒸製,關火後稍洩氣再揭蓋,能避免叉燒包塌陷變形。

05 放入蒸鍋蒸 15 分鐘左右,蒸熟取出,稍微攪拌製成叉燒餡。

10 靜置發酵 30 分鐘,放入蒸鍋至有蒸氣,開始計時中大火蒸 15 分鐘,關火後排氣開蓋即可。

鮮蝦燒賣

主食

關鍵營養

蛋白質
鈣

做法

01
鮮蝦去殼、腸泥，預留出 6 個蝦仁；
將五花肉、剩餘蝦仁、香菇放入調
理機中打成泥，製成餡料。

02
將餡料放入碗中，加入鹽、醬油、
白胡椒粉、香油，朝一個方向攪拌
出有黏性。

03
用擀麵棍將餃子皮邊緣擀壓一下，
像荷葉邊一樣。

04
取皮，多裝一點餡，因為不封口，
所以不用考慮餡料放太多。

05
用手稍微捏成花盆狀。

06
放上一個預留蝦仁。

食材

五花肉、鮮蝦各 100 克，
鮮香菇 1 朵，餃子皮 6 張，
胡蘿蔔適量。

調味料

鹽 1 克，醬油 5 克，
白胡椒粉 2 克，香油適量。

烹飪 Tips

燒賣皮是超市買的餃子皮，也可
以自己做，用雞蛋和麵，然後擀
成圓形的皮。

07
胡蘿蔔洗淨切片，將胡蘿蔔片墊在燒賣下面，隔水蒸 20 分鐘，關火燜片刻
即可。

芹菜雞蛋餅

主食

掃 QR Code
看影片示範

關鍵營養

碳水化合物
膳食纖維

食材

芹菜 50 克,雞蛋 2 個,
中筋麵粉 60 克,熱狗 30 克,
芹菜葉 10 克。

調味料

鹽、胡椒粉各 2 克。

烹飪 Tips

如果沒有薄餅機,也可使用平底
鍋煎烙。

做法

01

芹菜洗淨,切段,放入調理機中打
碎;熱狗切丁。

03

加入雞蛋、中筋麵粉、鹽、胡椒粉
拌勻製成麵糊。

05

薄餅機刷油,舀入麵糊,攤成薄餅
煎熟即可。

02

將打碎的芹菜碎倒入碗中,放入熱
狗、洗淨的芹菜葉。

04

麵糊靜置 10 分鐘。

陽春麵

主食

關鍵營養
碳水化合物

食材

雞蛋麵條 40 克，紫洋蔥半顆。

調味料

醬油 5 克，豬油 20 克，
雞汁、蔥末 10 克。

烹飪 Tips

- 陽春麵用豬油是很關鍵一點，陽春麵是清湯白麵，看似無味實際上精華都在洋蔥油裡，一定要用豬油才能確保香味。用植物油味道會差一點。

- 陽春麵最重要的就是炸洋蔥油，紫皮洋蔥的味道比較香，要小火慢慢炸出洋蔥的香味。

做法

01

紫洋蔥洗淨，切絲；鍋中放入豬油，下洋蔥絲，小火慢炸至金黃色，製成洋蔥油。

02

舀一勺洋蔥油放入碗中。

03

調入醬油、雞汁（沒有雞汁可以不放），沖入沸水。

04

另取鍋，加水，下入麵條煮熟。將麵條撈入湯碗中，撒上蔥末即可。

鴨湯煨麵

主食

關鍵營養

蛋白質
碳水化合物

做法

01

鴨肉洗淨，切塊。

02

鴨肉塊放入砂鍋中，加入適量清水，
煮開後撈去浮沫。

04

另取一鍋，加適量水煮沸，放入麵
條燙約 1 分鐘，撈起瀝乾備用。

03

放入蔥段、薑片、米酒，大火燒開，
轉小火煮約 1 小時，加入鹽拌勻，
再煮 30 分鐘。

05

取砂鍋，舀入適量鴨肉和鴨湯，加
入麵條、洗淨的油菜，煮至熟爛。

食材

鴨肉 100 克，油菜 1 棵，
蔬菜麵條 30 克。

調味料

蔥段、薑片各 5 克，米酒 10 克，
鹽、胡椒粉各 2 克，香油適量。

烹飪 Tips

麵中的蔬菜配菜可根據自己的喜
好搭配。

06

加入胡椒粉、香油即可。

日式北極蝦烏龍麵

主食

做法

01

昆布浸泡 30 分鐘，中小火煮 10 分鐘。

04

柴魚高湯倒回鍋中，放入處理好的北極蝦煮滾，關火。

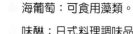

海葡萄：可食用藻類。

味醂：日式料理調味品，是一種類似米酒的料酒。

02

轉小火，加入柴魚片，煮約 30 秒，撈除浮沫，關火。

05

加入日式醬油、味醂、白糖。

柴魚高湯食材

昆布 30 克，柴魚片 20 克。

03

靜置到柴魚都沉到鍋底，過濾，即為柴魚高湯。

06

鍋中加水，下烏龍麵煮熟。

烏龍麵食材

烏龍麵 1 包，海葡萄 3 克，
北極蝦 10 隻，
日式醬油、味醂各 5 克，
白糖 2 克。

07

將烏龍麵撈入碗中，倒入煮好的柴魚高湯，放上北極蝦、海葡萄即可。

烹飪 Tips

- 日式醬油一定要後放，放早了湯會變酸，鹹味不夠可加鹽，不要多加醬油。

- 烏龍麵不用放過多的配菜，吃原汁原味的柴魚味。沒有海葡萄可以放紫菜。

番茄肉醬通心麵

西餐主食

掃 QR Code
看影片示範

關鍵營養

碳水化合物
蛋白質

做法

01 番茄洗淨，劃十字，熱水浸泡後去皮，切丁；洋蔥洗淨，切末。

05 加入鹽、胡椒粉、番茄醬、白糖炒勻。

02 鍋中放入橄欖油，倒入豬肉末炒至變色，取出備用。

06 燒至湯汁濃稠。

03 鍋中留底油，下蒜末、洋蔥末爆香，再將肉末倒入鍋中。

07 鍋中放入水，下通心麵，加些橄欖油和 1 克鹽，大火煮 8 分鐘，撈出。

04 加入番茄丁炒軟。

08 將番茄肉醬澆在通心麵上，撒乳酪粉即可。

食材

通心麵、豬肉末各 30 克，
洋蔥 40 克，番茄 1 個。

調味料

蒜末 5 克，番茄醬 8 克，
鹽、胡椒粉、白糖各 2 克，
乳酪粉適量，橄欖油少許。

烹飪 Tips

沒有乳酪粉也可以不放。

鮪魚酪梨三明治

西餐主食

關鍵營養

碳水化合物
維生素 D

食材

吐司 2 片，鮪魚罐頭 30 克，
酪梨 1 個，番茄 2 片。

調味料

沙拉醬適量。

烹飪 Tips

也可以用優酪乳代替沙拉醬。

做法

01

鮪魚加沙拉醬拌勻。

03

酪梨去皮，切片，擺在吐司上。

02

取一片吐司，鋪勻拌好的鮪魚。

04

放上番茄片。

05

蓋上另一片吐司即可。

吐司布丁

西餐主食

掃 QR Code
看影片示範

食材

吐司 2 片，蔓越莓乾 15 克，
牛奶 200 克，雞蛋 1 個，
玉米粒 20 克。

調味料

白糖 10 克。

關鍵營養
蛋白質
鈣

烹飪 Tips

- 先預熱烤箱，可節省時間。
- 這款布丁鋪了兩層，烤 15
  分鐘，如果鋪一層，10 分鐘
  就可搞定。若鋪得比較厚，
  必須增加烘烤時間。

做法

01

牛奶、雞蛋、白糖混合後攪打均勻。

02

吐司切小塊，鋪一層在烤碗中。

03

撒上玉米粒。

04

再鋪一層吐司塊，撒上蔓越莓
乾，慢慢倒入蛋奶液。預熱烤箱
200℃，中層，上下火烘烤 15 分鐘
左右即可。

生菜雞肉捲

西餐主食

掃 QR Code
看影片示範

關鍵營養

蛋白質
膳食纖維

做法

01

雞翅根去骨取肉。

04

鍋中放少許油，將手抓餅放入鍋中烙熟。

02

雞肉放入碗中，加入鹽、醬油、胡椒粉，醃 30 分鐘。

05

生菜洗淨；胡蘿蔔洗淨，切絲，瀝乾。

食材

三節翅 4 個，手抓餅 4 張，綠生菜葉、紫生菜葉各 4 片，胡蘿蔔 40 克。

03

不用放油，將雞肉直接放入鍋中，小火煎熟，取出備用。

06

手抓餅上鋪上生菜，放上雞肉和胡蘿蔔絲。

調味料

鹽、胡椒粉各 2 克，醬油 10 克。

烹飪 Tips

也可用雞胸肉來做，口感比雞翅要柴一點。三節翅比較小，正好一個餅捲一個。

07

捲起就可以吃了。

北極蝦吐司盞

西餐主食

掃 QR Code
看影片示範

關鍵營養

鈣
蛋白質

做法

01

小黃瓜、胡蘿蔔洗淨,切粒。

05

放入莫扎瑞拉乳酪碎。

02

用小勺取出北極蝦的蝦卵,沒有蝦卵的直接去殼。

06

放入胡蘿蔔粒、小黃瓜粒,打入鵪鶉蛋,喜歡吃辣味可以撒點黑胡椒粉,然後放入北極蝦。

03

吐司用刀在四邊的中心點切口,切到距離中心一半的地方即可,注意不要切斷。

07

預熱烤箱 190℃,中層,上下火烘烤 8 分鐘左右,待鵪鶉蛋熟透。

04

將吐司片小心地放入烤碗中,錯開擺放。

08

出爐後,放上蝦卵即可。

食材

吐司 2 片,北極蝦 4 隻,鵪鶉蛋 4 顆,莫扎瑞拉乳酪碎、小黃瓜、胡蘿蔔各 20 克。

調味料

黑胡椒粉少許。

烹飪 Tips

開始做時先預熱烤箱,省時。可把蔬菜提前切丁,裝盒冷藏備用,省力。

鮮奶蒸蛋

熱菜

做法

01 雞蛋打入碗中，不要攪打起泡，攪勻即可。

02 將牛奶和白糖入鍋，用小火慢慢煮，煮至鍋邊起泡微開狀態即可。

04 用細漏網把攪拌均勻的蛋液過濾 2 遍。

食材

牛奶 200 克，雞蛋 2 個，
白糖 20 克。

03 牛奶微溫熱下，慢慢倒入蛋液拌勻。

05 把蛋奶液倒入小碗中，加蓋錫箔紙。

烹飪 Tips

如果上層蛋奶液還沒變硬，可適當延長蒸製時間。

06 上蒸鍋，大火蒸 15 分鐘左右即可。

番茄厚蛋燒

熱菜

掃 QR Code
看影片示範

關鍵營養

蛋白質

做法

01

秋葵洗淨，汆燙撈出。

02

番茄洗淨，劃十字，用開水燙後去皮，切丁。

03

雞蛋打散，放入番茄丁，加入鹽，攪拌均勻。

04

鍋中抹油，倒入一半番茄蛋液，攤勻。

05

放入秋葵。

06

煎至定型，從一端捲起。

07

倒入剩下的番茄蛋液，煎至定型。

08

將第一次煎好的蛋捲向回捲起裹好定型，出鍋切段即可食用。

食材

番茄1個，雞蛋2個，秋葵2根。

調味料

鹽1克。

烹飪 Tips

出鍋後也可以將蛋捲放在壽司簾上定型，去掉捲簾，把蛋捲切塊裝盤即可。

蝦仁拌菠菜

涼菜

關鍵營養

蛋白質
胡蘿蔔素

食材

蝦仁 80 克，菠菜 200 克。

調味料

醬油 5 克，醋 10 克，蠔油 3 克，香油適量。

烹飪 Tips

菠菜用燙蝦仁的水煮，可以讓菠菜也保有鮮美的口感。

做法

01

將菠菜洗淨，切段。

02

在鍋中加水，水沸後放入蝦仁，汆燙熟。

03

醬油、醋、蠔油、香油調成醬汁。

04

菠菜段放入汆燙蝦仁的水中，略汆燙後撈出，瀝乾放涼。

05

將菠菜段放入大碗中，加入蝦仁。

06

淋上醬汁即可。

紅糖酒釀蛋

湯羹

關鍵營養

碳水化合物
蛋白質

食材

酒釀 50 克，紅糖 15 克，雞蛋 1
個。

烹飪 Tips

根據個人喜好掌握雞蛋成熟度，
紅糖也可按自己的口味增減。

做法

01
紅糖放入鍋中，加適量清水，燒至
微開。

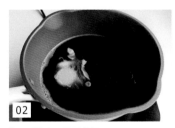

02
打入雞蛋，煮至凝固。

03
放入酒釀。

04
煮開即可關火。

Part.4
快手午餐

五彩臘腸飯

主食

掃 QR Code
看影片示範

關鍵營養

碳水化合物
膳食纖維

食材

白飯 100 克，廣式臘腸 1 根，胡蘿蔔、紫薯、豌豆粒、玉米粒各 30 克。

烹飪 Tips

- 蔬菜可根據自己的喜好搭配。

- 有的人喜歡將臘腸飯拌好後再加點醬油。但由於臘腸飯本身含有不少鹽，健康吃法是不再加其他調味料。

做法

01

廣式臘腸切片；胡蘿蔔、紫薯洗淨，去皮，切丁。

02

白米洗淨，放入電鍋中，加清水浸泡 15 分鐘。

03

將廣式臘腸片、胡蘿蔔丁、紫薯丁、洗淨的玉米粒和豌豆粒倒入電鍋中，加適量水，按下"煮飯"鍵。

04

電鍋跳起後，開蓋拌勻即可。

茄汁肉丁飯

主食

做法

01 豬里肌洗淨,切丁,加入胡椒粉、太白粉抓勻,醃漬 10 分鐘。

02 熱鍋放入油,下蒜末炒香,再下肉丁炒至變色。

03 番茄、馬鈴薯、洋菇洗淨,切丁,入鍋中翻炒。

04 加入番茄醬、醬油炒勻。

05 加適量清水,燉至食材軟爛。

06 米飯做成卡通模樣。

食材

豬里肌 80 克,番茄 1 顆,白飯 1 碗,馬鈴薯 50 克,洋菇 2 朵。

調味料

醬油、蒜末各 5 克,胡椒粉、太白粉各 2 克,番茄醬 8 克。

烹飪 Tips

米飯也可不做卡通樣,捏成飯糰放在茄汁肉丁上,更簡單。

07 放到炒好的茄汁肉丁上即可。

紅莧菜蛋炒飯

主食

關鍵營養

碳水化合物
維生素 C

做法

01

紅莧菜洗淨，切末。

02

雞蛋打入白飯中，攪拌均勻。

04

鍋中留底油，下蒜末炒香，放入紅莧菜末炒熟。

03

鍋中放油，把飯炒散，取出備用。

05

將飯拌入炒均。

食材

白飯 1 碗，雞蛋 1 顆，
紅莧菜 100 克。

調味料

蒜末 10 克，鹽 1 克。

烹飪 Tips

蒜末可增香提味，不可省略。

06

加入鹽，炒勻起鍋即可。

紅燒牛腩麵

主食

掃 QR Code
看影片示範

關鍵營養

鋅
蛋白質

做法

01

牛肉洗淨，切塊。

02

牛肉塊冷水下鍋，水滾汆燙後撈出備用。

03

鍋中放油，放入冰糖炒化。

04

加入番茄醬炒出紅汁。

05

倒入牛肉塊翻炒均。

06

放入醬油、醬油膏、八角、草果、香葉、青蔥，倒入適量清水。

07

大火燒開，轉小火燉至牛肉塊軟爛，加入鹽再燉 10 分鐘。

08

鍋中加水，燒開後下麵條，煮熟，撈入碗中，澆上牛肉和湯汁即可。

食材

牛肉 300 克，麵條 150 克。

調味料

青蔥 1 根，
八角、草果各 1 個，
香葉 1 片，醬油、冰糖各 10 克，
鹽 2 克，
醬油膏、番茄醬各 3 克。

烹飪 Tips

沒有冰糖也可以用白糖，沒有番茄醬可用番茄替代，只是口感略有不同。

蔬菜肉丁拌麵

主食

掃 QR Code
看影片示範

關鍵營養

蛋白質
膳食纖維

食材

雞蛋麵條 40 克，豬肉 80 克，
西芹、胡蘿蔔各 30 克，
鮮香菇 2 朵。

調味料

蠔油、醬油各 5 克，
胡椒粉、太白粉各 2 克。

烹飪 Tips

因為調味料裡有蠔油、醬油，可
以不用加鹽。

做法

01

豬肉洗淨，切丁，調入蠔油、胡椒
粉、太白粉抓勻，醃漬 10 分鐘。

02

西芹、胡蘿蔔、香菇洗淨，切丁。

03

油鍋燒熱，放肉丁炒至變色，下各
種蔬菜，加醬油膏、適量清水，燉
至肉爛即可。

04

另取鍋，加入清水，下麵條煮熟，
撈入碗中，澆上炒好的菜即可。

絲瓜燒毛豆

熱菜

關鍵營養

碳水化合物
維生素 B 群

絲瓜 300 克，毛豆 100 克。

蒜片 10 克，鹽 1 克，
太白粉水少許。

毛豆粒提前煮至熟爛，與絲瓜同
炒時要大火速成，保持色綠清
香。

做法

01

毛豆洗淨，放入鍋中，加入少許鹽、
適量水煮熟，撈出。

02

鍋中放入油，油熱後下蒜片爆香，
放入去皮切塊的絲瓜炒至軟。

03

放入毛豆粒，加少量水。

04

燒煮約 1 分鐘，待絲瓜塊入味後，
加太白粉水勾芡，出鍋即可。

五福包

熱菜

掃 QR Code
看影片示範

關鍵營養

蛋白質
維生素 D

食材

餃子皮 10 張，鱈魚 100 克，
胡蘿蔔丁 20 克，
玉米粒、豌豆粒各 10 克，
菠菜 2 棵，檸檬半個。

調味料

蔥末 5 克，鹽 1 克，
胡椒粉、太白粉各 2 克。

烹飪 Tips

- 最好選擇刺少的魚，如巴沙魚、比目魚、鯛魚等。

- 也可全部用蔬菜做五福包，或者將鱈魚換成雞肉、牛肉等肉類來做。

做法

01 每張餃子皮上刷薄薄一層油，10 張疊起來。

06 加入胡椒粉、太白粉抓勻。

11 放入玉米粒、豌豆粒、鱈魚丁炒勻，加入鹽調味，起鍋即可。

02 餃子皮的側面刷一層油。

07 玉米粒、豌豆粒洗淨，下鍋汆燙。

12 取出餃子皮，一張張揭開。

03 擀至 15 公分寬的皮。

08 菠菜洗乾淨，下鍋汆燙。

13 餃子皮上放上炒好的蔬菜魚丁。

04 餃子皮放入蒸鍋中，大火蒸 10 分鐘。

09 鍋中放油，放入鱈魚丁炒至變色，取出。

05 鱈魚洗淨、切丁，擠上幾滴檸檬汁。

10 鍋中留底油，放入蔥末炒香，下胡蘿蔔丁炒軟。

14 用菠菜綁緊即可。

魚香嫩豆腐

熱菜

掃 QR Code
看影片示範

關鍵營養

鈣
蛋白質

做法

01

嫩豆腐洗淨，切成大小相等的塊；胡蘿蔔洗淨，切絲。

02

將醬油、醋、米酒、白糖放入碗中，加 30 克水，調成魚香汁備用。

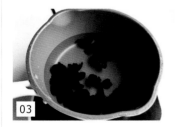

03

鍋中水燒沸，放入木耳汆燙熟撈出。

04

鍋中放入少許油，下豆腐塊煎至兩面金黃，取出。

05

鍋中留底油，下蒜末、薑末、泡椒碎煸香。

06

放入胡蘿蔔絲翻炒。

07

下豆腐塊、木耳，倒入調好的魚香汁。

08

稍微燜煮 3 分鐘使其入味，倒入太白粉水勾芡即可。

食材

嫩豆腐 350 克，木耳 30 克，胡蘿蔔 20 克。

調味料

泡椒 5 克，醬油 12 克，太白粉水、醋、米酒、蒜、薑末各 8 克，白糖 15 克。

烹飪 Tips

- 泡椒是魚香菜的靈魂，最好不要省略，怕辣的話可以少放。

- 魚香汁的比例：醬油 15 克，醋 10 克，米酒 10 克，白糖 20 克，蒜 5 瓣，薑 10 克，泡椒 5 個，太白粉水 10 克。這是 500 克食材的量，可隨材料的多少增減。

彩椒牛柳

熱菜

掃 QR Code
看影片示範

關鍵營養

蛋白質
維生素 C

做法

01 紅甜椒、青椒、黃甜椒洗淨，切絲。

02 牛里肌洗淨，橫切成粗條，加入蠔油、胡椒粉、太白粉抓勻，醃漬 15 分鐘。

03 炒鍋中加入適量油燒熱，放入醃漬好的牛肉條煸炒至八成熟。

04 放入青椒絲、甜椒絲煸炒 30 秒。

05 加少許鹽、醬油翻炒均勻即可。

食材

牛里肌 150 克，
紅甜椒、青椒、黃甜椒各 30 克。

調味料

醬油、蠔油各 5 克，
胡椒粉 3 克，太白粉 2 克，
鹽少許。

烹飪 Tips

- 醃牛里肌時澱粉不要放太多，否則黏糊糊的會影響口感。

- 醃好的牛肉下鍋前加一匙沙拉油能有保濕且潤滑的作用，口感會更加軟嫩。

- 用刀從垂直順牛里肌紋理的方向切下，不要切成絲，要有一定粗度。

叉燒雞片

熱菜

關鍵營養

蛋白質
胡蘿蔔素

做法

01

芹菜洗淨，切段；胡蘿蔔洗淨，切片。

02

雞胸肉洗淨，切片，放入碗中，加叉燒醬拌勻。

03

放入太白粉抓勻，加少許油拌勻。

04

炒鍋燒熱，加入適量油燒熱，放入醃漬好的雞片煸炒至變色。

05

下芹菜段、胡蘿蔔片翻炒。

06

加少許醬油翻炒均勻即可。

食材

雞胸肉 150 克，
芹菜、胡蘿蔔各 30 克。

調味料

叉燒醬 15 克，醬油 5 克，
太白粉 2 克。

烹飪 Tips

- 醃肉時太白粉不要太多，否則黏糊糊的會影響口感。

- 醃好的雞片下鍋前加一匙沙拉油能起到保濕且潤滑的作用，口感會更加軟嫩。

香煎鱈魚

熱菜

掃 QR Code
看影片示範

關鍵營養

蛋白質
維生素 D

食材

鱈魚 2 塊（180 克），
檸檬半個，生菜葉 2 片。

調味料

鹽 1 克，胡椒粉 2 克，
橄欖油少許。

烹飪 Tips

- 鱈魚不宜長時間煎製，會使口感變柴。

- 鱈魚煎好後配生菜食用，更美味。

- 鱈魚配橄欖油，無論是味道還是營養，都比一般植物油更好。

做法

01

鱈魚放入碗中，加鹽、胡椒粉。

02

擠上幾滴檸檬汁，醃漬 10 分鐘。

03

鍋中倒入橄欖油，下鱈魚，小火煎至兩面金黃，配生菜葉即可。

梅干菜蒸河蝦

熱菜

關鍵營養

蛋白質
鈣

食材

河蝦 350 克，梅干菜 50 克。

調味料

豬油適量，蔥末、薑末各 10 克，鹽、胡椒粉、白糖、黃酒各 2 克，醬油 8 克。

烹飪 Tips

這個菜的正宗做法用的是豬油，也可以換成植物油，但香味會遜色許多。

做法

01

河蝦洗淨，瀝乾。

02

梅干菜泡開洗淨。

03

鍋入豬油，燒熱後放入蔥末、薑末炒香。

04

加入梅干菜。

05

放入河蝦，加入鹽、胡椒粉、白糖、黃酒、醬油翻炒均勻。

06

將炒好的梅干菜蝦放碗中，入蒸籠蒸 15 分鐘即可。

西湖牛肉羹

湯羹

掃 QR Code
看影片示範

關鍵營養

蛋白質
鋅

做法

01

香菇洗淨，切粒；豆腐切粒。

02

牛肉洗淨，切成小丁，加米酒抓勻，醃漬 10 分鐘。

03

雞蛋取蛋白，放入碗中快速打散備用。

04

燒一鍋水，水開後倒入牛肉丁，撈除浮沫，撈出瀝乾備用。

05

鍋中加入冷水，放入牛肉丁、豆腐粒、香菇粒和薑末，大火燒開。

06

加入鹽、胡椒粉，倒入太白粉水攪拌均勻。

07

將打散的蛋白液以打圈的方式淋入鍋中，用筷子迅速攪拌成絮狀後關火。

08

淋入香油，撒上香菜末即可。

食材

牛肉、豆腐各 50 克，
鮮香菇 2 朵，雞蛋 1 個。

調味料

香菜末 10 克，
胡椒粉、鹽各 2 克，
薑末、米酒各 5 克，
香油 3 克，太白粉水適量。

烹飪 Tips

牛肉不可切得太大，用牛絞肉也可以。

鮮蝦沙拉

涼菜

關鍵營養

蛋白質
膳食纖維

做法

01

鮮蝦放入鍋中，煮熟。

02

小紅番茄、小黃番茄洗淨，切塊；
小黃瓜洗淨，切片。

04

小紅番茄塊、小黃番茄塊、小黃瓜
片放入碗中。

03

紫生菜、綠生菜洗淨，放入碗中。

05

蝦去皮，放入碗中。

06

加入沙拉醬拌勻即可。

食材

鮮蝦 7 隻，
小紅番茄、小黃番茄各 3 個，
小黃瓜 1 根，
紫生菜葉、綠生菜葉各 1 片。

調味料

沙拉醬適量。

烹飪 Tips

- 蔬菜隨自己的喜好選擇。
- 沙拉醬也可以換成優酪乳或油醋汁，會有不一樣的味道。

溫拌海螺

涼菜

關鍵營養

蛋白質
硒

食材

海螺 5 隻，豌豆苗 30 克。

調味料

薑絲 15 克，鹽 2 克，
白葡萄酒醋 30 克，
橄欖油、白糖各 3 克。

烹飪 Tips

沒有白葡萄酒醋，可用蘋果醋代
替。

做法

01

海螺洗淨，鍋內加水，放入海螺，
水淹過海螺即可，開火煮 15 分鐘左
右。

02

豌豆苗去根洗淨。

03

鹽、白葡萄酒醋、橄欖油、白糖放
入碗中拌勻即為醬汁。

04

取出螺肉，去掉內臟（海螺後部螺
旋且顏色發黑的部分即為內臟）。

05

海螺肉改刀切成薄片，放入碗中。

06

加入豌豆苗、薑絲，入醬汁拌勻即
可食用。

Part.5
美味晚餐

艇仔粥

主食

掃 QR Code
看影片示範

關鍵營養

碳水化合物
蛋白質

做法

01
白米洗淨,放入鍋中,加沙拉油、鹽、適量清水。

05
油條切塊,蛋皮切絲。

02
放入干貝、乾魷魚絲、薑絲,蓋上鍋蓋燒煮。

06
粥煮至黏稠時加入肉絲、魚絲。

03
豬肉、鯛魚洗淨,切絲。

07
繼續煮 2 ～ 3 分鐘,至肉絲、魚絲變白,關火。

04
雞蛋打散,入鍋攤成蛋皮,取出備用。

08
放入蛋皮絲、油條塊、香蔥末即可。

食材

白米 50 克,油條 1 條,
鯛魚、豬肉各 20 克,
干貝、乾魷魚絲各 10 克,
雞蛋 1 顆。

調味料

蔥末 8 克, 鹽 1 克,薑絲 5 克。

烹飪 Tips

艇仔粥,其配料十分豐富,新鮮的魚、豬肉、油條、蔥末和蛋皮絲,以及炸豬皮、海蜇、魷魚、干貝、花生等,可依自己的喜好選擇。

滷肉飯

主食

關鍵營養

蛋白質
碳水化合物

食材

五花肉 120 克，乾香菇 30 克，
熟雞蛋 2 顆，洋蔥半個，
白飯適量，青菜 20 克。

調味料

蔥末、薑末、蒜末、冰糖各 5 克，
八角 1 個，甜麵醬 12 克，
米酒、醬油各 8 克，胡椒粉 2 克，
五香粉、魚鬆粉各 3 克。

烹飪 Tips

- 不要把肉汁收得太乾，多留些濃濃的汁澆在白飯上才好吃。

- 香菇最好選乾香菇。

- 做滷肉時，要先汆燙再切丁，可以保證肉的彈性。

- 也可以把雞蛋換成鵪鶉蛋。

做法

01 香菇提前泡發，泡香菇的水可以留著使用。

02 乾香菇泡開切丁；洋蔥洗淨，切丁。

03 五花肉洗淨，去皮。

04 五花肉、肉皮冷水下鍋汆燙，去腥味。

05 汆燙好的五花肉和肉皮切丁。

06 洋蔥丁放入油鍋中，半炸半炒至微黃色，迅速撈出瀝乾油，即為油蔥酥。

07 鍋留少許油，爆香蔥末、薑末、蒜末，放入五花肉丁，慢慢焗炒至微上色。

08 加入八角、醬油、甜面醬、冰糖、米酒、胡椒粉、五香粉炒勻，再放入油蔥酥、香菇丁、泡香菇的水，加入熟雞蛋和適量溫水（水量不要過多，以淹過五花肉丁即可）。

09 開蓋大火燒開後，加蓋小火燜煮45分鐘左右，即為滷肉。

10 米飯放入魚鬆粉拌勻。

11 做成卡通造型。

12 滷肉盛到盤中，放上飯糰和切開的雞蛋、燙熟的青菜即可。

雪菜蝦仁麵

主食

關鍵營養

鈣
碳水化合物

做法

01
鮮蝦煮熟，去殼備用。

02
雪菜洗淨，切末；沙拉筍切片。

04
倒入適量清水煮開，放入蝦仁，加入胡椒粉、香油，關火。

03
鍋中放入少許油，下蔥末炒香，放入雪菜末、筍片翻炒。

05
另取一鍋，加入清水，下麵條煮熟。

06
撈入碗中，舀上煮好的雪菜蝦仁湯即可享用。

食材

鮮蝦 8 隻，雪裡紅 30 克，
沙拉筍 30 克，麵條 40 克。

調味料

蔥末 8 克，胡椒粉 2 克，
香油適量。

烹飪 Tips

雪裡紅有鹹味，這裡沒有加鹽，
可依據自己的喜好調味。

蔬菜拌剪刀麵

主食

掃 QR Code
看影片示範

關鍵營養

碳水化合物
蛋白質

做法

01

麵粉中加入雞蛋，混和成軟硬適中的麵糰。

02

胡蘿蔔、香菇、芹菜洗淨，香菇切片、胡蘿蔔切絲、芹菜切段。

03

取醒好的一小團麵糰，整形成長圓形，用剪刀剪成剪刀麵。

04

豬肉洗淨、切絲，放入碗中，加鹽、胡椒粉、太白粉拌勻。

05

炒鍋倒油燒熱，下蔥花炒香，下肉絲炒至變色。

06

下胡蘿蔔絲、芹菜段、香菇片翻炒。

07

調入醬油炒熟，淋香油炒勻出鍋。

08

鍋中加水，下剪刀麵煮熟。

食材

中筋麵粉 100 克，雞蛋 1 個，豬肉、芹菜、胡蘿蔔各 50 克，鮮香菇 2 朵。

調味料

鹽 1 克，醬油 5 克，胡椒粉 3 克，太白粉、蔥花、香油各適量。

烹飪 Tips

用蛋液混和麵糰，因麵粉的吸水量不同、雞蛋的大小不同，可適量增減水量以調整麵糰的軟硬度。

09

撈出過涼，瀝乾水分，拌入炒好的菜即可食用。

紫米荷葉夾

主食

關鍵營養

碳水化合物
維生素 B 群

做法

01

麵粉、紫薯粉、酵母粉放入盆中,加入適量水混和成麵糰。

02

麵糰發酵至原來的 2 倍大。

03

取出麵糰排氣,分成 6 份,擀成圓片,刷一層油。

04

對折後,在對折處用手捏出一個尖角。

05

用乾淨的梳子壓出荷葉的紋路。

食材

中筋麵粉 100 克,紫薯粉 50 克,酵母粉 2 克。

烹飪 Tips

- 麵粉的吸水量不同,加水量可酌情加減。

- 紫米荷葉夾可隨自己口味,夾進喜歡的菜或者肉。

06

醒 20 分鐘左右,入蒸鍋,中火蒸 15 分鐘,關火後即可。

小兔火腿花捲

主食

掃 QR Code
看影片示範

關鍵營養

碳水化合物
蛋白質

做法

01
酵母加入麵粉中，緩緩倒入溫水，
邊倒邊用筷子攪拌，揉成光滑的麵
糰。

02
麵糰發酵至 2 倍大，至出現蜂窩狀。

03
麵糰排氣（最好多揉一會，這樣會
更鬆軟），分成 5 份，每份 60 克左
右。

04
取一份麵糰揉至光滑沒有氣孔，搓
長約 30 公分的長條，對折，放上熱
狗。

05
將上面的麵條從下面的圈中掏出
來，製成"兔耳朵"。

06
把"兔耳朵"分開，中間留有空隙，
整理一下。

07
用紅豆裝飾做眼睛，再發酵 30 分鐘
左右。

08
上鍋蒸 20 分鐘即可。

食材

中筋麵粉 200 克，熱狗 5 根，
酵母 2 克，紅豆少許。

烹飪 Tips

小香腸要買長 10 公分左右的。

佛手瓜水餃

主食

做法

01 麵粉加溫水和成麵糰，醒 20 分鐘。

05 麵糰分割每個 10 克，擀圓片。

食材

中筋麵粉 200 克，佛手瓜 500 克，豬肉餡 120 克。

02 佛手瓜洗淨，去籽，刨絲，撒鹽揉一下，擠乾水分。

06 包入餡料。

調味料

鹽 2 克，蔥末 20 克，薑末 10 克，香油、蠔油各 5 克。

03 在豬肉餡中加入鹽、蔥末、薑末、蠔油拌勻。

07 捏成水餃。

烹飪 Tips

餡料可依據自己的喜好搭配。

04 再將佛手瓜絲拌進肉餡裡，加入香油拌勻。

08 鍋中加清水，水開後下餃子，煮熟即可。

湯包

主食

掃 QR Code
看影片示範

關鍵營養

碳水化合物
蛋白質

做法

01 麵粉加冷水混和成麵糰,醒 30 分鐘;香菇洗淨,切末;肉皮凍切丁。

02 豬肉餡中分次加花椒水,攪打肉餡至黏性,加入鹽、醬油、胡椒粉、米酒拌勻。

04 麵糰搓成條,分割每個約 10 克,擀成邊薄底略厚的皮。

03 加入香菇末、肉皮凍丁、少許油略拌,加蔥末、薑末拌勻。

05 包入餡料約 15 克,捏成包子。

食材

中筋麵粉 200 克,豬肉餡 150 克,肉皮凍 100 克,鮮香菇 50 克。

調味料

蔥末、米酒、醬油、香油各 10 克,薑末 5 克,胡椒粉、鹽各 3 克,花椒水(花椒加水煮開)適量。

烹飪 Tips

- 擀麵皮要底厚四周薄。
- 不要蒸過頭,一定不能超過 10 分鐘,否則皮會破,流出汁水。

06 入籠用大火蒸約 10 分鐘,用大火蒸約 10 分鐘。趁熱享用。

涼拌黃瓜花

涼菜

關鍵營養

膳食纖維

食材

黃瓜花 400 克。

調味料

鹽 2 克，蘋果醋 10 克，
蠔油 5 克，香油適量。

烹飪 Tips

如果覺得生吃不放心，可放入鍋
中汆燙 30 秒後再拌製。

做法

01

黃瓜花摘去梗。

02

水中加鹽，放入黃瓜花浸泡 10 分
鐘，沖洗幾遍後瀝乾水分。

03

蘋果醋、蠔油放入碗中調勻即為醬
汁。

04

洗好的黃瓜花放入大碗中，倒入醬
汁，放入香油拌勻即可。

塔香炒冬筍

熱菜

關鍵營養

維生素 C
膳食纖維

食材

塔菜 1 棵，冬筍 200 克。

調味料

鹽 3 克，白糖 5 克。

烹飪 Tips

為了保障塔菜的清爽口感，只用鹽、白糖調味，也可適量加點香油。

做法

01

將塔菜切開後洗淨，瀝乾備用。

02

冬筍剝外皮，汆燙後瀝乾，切片。

03

熱鍋入油，油熱後加入塔菜大火爆炒。

04

塔菜顏色變綠後加入冬筍片翻炒，調入鹽、白糖炒勻即可。

香芋南瓜煲

熱菜

掃 QR Code
看影片示範

關鍵營養

膳食纖維
鈣

做法

01

芋頭、南瓜洗淨，去皮，切塊。

02

芋頭塊放入鍋中，加入適量清水，煮 5 分鐘。

04

調入白糖、鹽。

食材

芋頭、南瓜各 200 克，
牛奶、椰漿各 50 克。

03

然後放入南瓜塊煮開。

05

倒入椰漿和牛奶。

調味料

鹽 1 克，白糖 10 克。

06

煮至芋頭軟爛即可。

烹飪 Tips

- 這是無油版的做法，清淡不油膩，也可把芋頭、南瓜過油炒一下，再加調味料煮。

- 白糖的量可依自己的口味調整，沒有椰漿可用牛奶代替。

荷香蓮藕粉蒸肉

熱菜

掃 QR Code
看影片示範

關鍵營養

碳水化合物
蛋白質

做法

01

五花肉洗淨、切厚片，加入調味料（除八角、花椒）醃漬 30 分鐘以上。

02

蓮藕洗淨去皮，切片。

03

荷葉用沸水泡軟。

04

在來米放入乾淨炒鍋中，加入花椒、八角，用小火翻炒至米粒變黃微焦，關火放涼。

05

炒好的在來米、花椒、八角一起放入粉碎機中打碎，但不宜太碎。

06

醃好的肉和蓮藕片中加入米粉、清水拌勻。

07

將肉片和蓮藕片依序放在荷葉上。

08

包好後放到蒸籠中，放入蒸鍋，大火蒸 1 小時左右即可。

食材

豬五花肉 300 克，蓮藕 200 克，在來米 150 克。

調味料

辣豆瓣醬、醬油各 10 克，
醬油膏、白糖各 5 克，
黃酒、腐乳汁各 15 克，
八角 1 個，花椒少許。

烹飪 Tips

- 在來米打成米粉（或用擀麵棍擀碎）不要打太碎，部分呈顆粒狀口感更佳。

- 米粉的吸水力很強，所以混合時要加足水。

- 也可以買市售蒸肉粉，但要減少醬油、醬油膏和腐乳汁的用量，否則會很鹹。

花椰菜炒肉片

熱菜

關鍵營養

蛋白質
維生素 C

做法

01

花椰菜洗淨，切小朵；紅甜椒洗淨，切塊；冬筍去皮，切片。

02

里肌肉洗淨、切片，加入鹽、太白粉抓勻，醃漬 15 分鐘。

04

花椰菜汆燙，撈出。

03

筍片汆燙，撈出。

05

鍋中放入油，放蔥末炒香，下肉片炒至變色。

食材

里肌肉 50 克，綠花椰 100 克，紅甜椒、冬筍各 30 克。

調味料

蔥末、醬油各 5 克，
鹽 1 克，
太白粉 2 克。

烹飪 Tips

蔬菜都汆燙過，炒製時間不宜過長。

06

放入青花椰菜、紅甜椒塊、筍片炒勻，加入醬油炒勻即可。

醬燒羊排

熱菜

掃 QR Code
看影片示範

關鍵營養

蛋白質
鐵

做法

01

羊排洗淨，切塊。

02

鍋中加水下羊排，燒開後煮 3 分鐘。

03

將羊排撈起，去血水。

04

將羊排再次放入加清水的鍋中，下薑片、蔥片、甜麵醬、冰糖、鹽、醬油、八角、草果、月桂葉、米酒，倒入約 1000 克熱水。

食材

羊排 300 克。

調味料

薑片、蔥片各 15 克，
甜麵醬 20 克，
八角、草果各 1 個，月桂葉 1 片，
冰糖 8 克，鹽 3 克，
醬油、米酒各 10 克。

烹飪 Tips

甜麵醬有醇厚的醬香味，不可省略。

05

加蓋燉煮 1 ～ 1.5 小時即可。

鱈魚蒸蛋

熱菜

關鍵營養

蛋白質
維生素 D

美味晚餐 Part.5

做法

01
鱈魚切丁，擠入幾滴檸檬汁，加入
鹽調味。

04
將蛋液過濾到碗中。

02
雞蛋打入碗中，倒入開水後朝一個
方向攪拌均勻。

05
包上保鮮膜，戳上幾個洞。

03
鱈魚丁放入碗中。

06
鍋中水開後，放入蛋液隔水蒸 10 分
鐘左右。

食材

鱈魚 50 克，雞蛋 2 個，
檸檬半個，熱狗、紫薯各適量。

調味料

鹽 1 克，醬油 5 克，香油適量。

烹飪 Tips

蛋液中要加涼白開水和雞蛋的比
例是 1.5：1，接著朝一個方向攪
拌均勻。

07
蒸好後，用以熱狗、紫薯裝飾，淋上醬油和香油即可。

蘆筍炒北極蝦

熱菜

關鍵營養

蛋白質
膳食纖維

食材

蘆筍 300 克，北極蝦 100 克。

調味料

鹽 2 克，蒜末 8 克。

烹飪 Tips

蘆筍翻炒要快速，才能保持色澤翠綠。

做法

01

蘆筍洗淨，切段；北極蝦去皮。

02

鍋內倒油燒熱，下蒜末炒香，放入蘆筍段快速翻炒。

03

加入北極蝦、鹽，炒勻出鍋即可。

玉米紅蘿蔔排骨湯

湯羹

關鍵營養

蛋白質
胡蘿蔔素

食材

排骨 300 克，玉米 1 根，
胡蘿蔔 50 克。

調味料

蔥段、薑片各 5 克，鹽 2 克，
香油適量。

烹飪 Tips

燉湯的時候也可放入米酒和干
貝，可以使湯的味道更鮮。

做法

01 排骨洗淨、切塊，放入砂鍋中煮開。

02 玉米、胡蘿蔔洗淨，切塊。

03 撈除鍋中的浮末。

04 放入蔥段、薑片，大火燒開，轉小
火煮 1 小時。

05 放入玉米塊、胡蘿蔔塊續煮 30 分
鐘。

06 加入鹽再煮 10 分鐘，關火，吃的時
候淋上香油即可。

蝦泥蛋餃

湯羹

掃 QR Code
看影片示範

關鍵營養

蛋白質
維生素 C

做法

01

花椰菜洗淨，汆燙，撈出瀝乾，切朵。

02

胡蘿蔔洗淨、切塊，和蝦仁、花椰菜一起放入調理機中打成泥。

03

將蔬菜蝦泥倒入碗中加入鹽、醬油、胡椒粉、香油、蔥末拌勻製成餡。

04

雞蛋打散，放入太白粉攪拌均勻。

05

平底鍋用小火燒熱，刷一層薄油。舀一勺蛋液，貼著鍋底慢慢地把蛋液轉圈倒下成一個小圓餅。

06

放少許餡在雞蛋圓餅中間。

07

用筷子把蛋餅對折，然後用筷子順著緊貼餡的位置夾起收緊。稍等片刻，等蛋液全部凝固即可。

08

鍋里加清水，放入蛋餃，煮至蛋餃熟透。

食材

雞蛋 2 顆，蝦仁 80 克，
胡蘿蔔 30 克，綠花椰菜 20 克。

調味料

鹽 1 克，蔥末 10 克，醬油 5 克，
胡椒粉、太白粉各 2 克，
香油適量。

烹飪 Tips

- 煎蛋餅要一直開小火，否則蛋液凝固太快，蛋餃不易黏合。

- 放餡夾緊的動作一定要快，否則蛋液完全凝固，蛋餃就不易黏合在一起，容易散開。

09

加入適量鹽調味，淋上香油，撒上蔥末即可。

太子參清燉牛肉

湯羹

掃 QR Code
看影片示範

關鍵營養

蛋白質
鐵

做法

01
牛腩洗淨，切塊，加清水浸泡 30 分鐘。

02
山藥、胡蘿蔔洗淨，去皮切塊。

04
鍋中加清水，放入牛腩塊、蔥段、薑片，大火燒開，轉小火燉 1 小時。

03
鍋中倒入清水，放入牛腩塊汆燙，撈除浮沫，撈起。

05
放入山藥塊、胡蘿蔔塊、太子參燉煮 30 分鐘。

06
加入鹽，再燉煮 10 分鐘，關火出鍋即可。

食材

牛腩 500 克，
山藥、胡蘿蔔各 50 克，
太子參 10 克。

調味料

蔥段、薑片各 5 克，鹽 3 克。

烹飪 Tips

太子參味甘、微苦，性平，可益氣健脾、生津潤肺。太子參雖補力平和，但終為味甘之品，用量不可過多，因為其味道有點苦，每次用量在 10 克左右，不宜超過 30 克。

紫菜蘿蔔絲蛤蜊湯

湯羹

食材

白蘿蔔 100 克，蛤蜊 15 個，
紫菜 3 克。

調味料

薑片 3 克，香菜末 10 克，
鹽 1 克，香油適量。

烹飪 Tips

蛤蜊一定要買活的，吐盡泥沙並
清洗乾淨。活的蛤蜊遇熱會張
口，撈除浮沫就立刻放蘿蔔絲，
蛤蜊煮久了會變老，影響口感。

關鍵營養

蛋白質
膳食纖維

做法

01

白蘿蔔洗淨，去皮切絲；紫菜剪成
條。

02

蛤蜊買回來後用清水加點鹽浸泡吐
沙 1 小時，洗淨備用。

03

鍋中加冷水，放入薑片煮滾下蛤蜊，
中火燒開，全部開口後撈除浮沫。

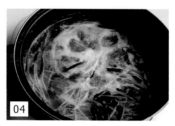

04

放入白蘿蔔絲、紫菜條略煮 1 分鐘，
關火。

05

放入香菜末、香油即可。

Part.6
健康加餐

杏仁豆腐

零食小點

關鍵營養

鈣
蛋白質

做法

01

杏仁洗淨。

02

吉利丁片剪碎後放入碗中,用飲用水泡軟。

03

將杏仁放入調理機中,加 250 克水打成漿。

04

濾掉杏仁渣。

05

過濾好的杏仁漿倒入鍋中,加白糖煮開,加入牛奶,再煮微開,關火。

06

杏仁奶液涼至 70℃ 以下,再放入泡好的吉利丁片。

07

攪拌至化。

08

將杏仁奶液倒入保鮮盒中,放入冰箱冷藏 4 小時。取出切小塊,配上糖桂花即可。

食材

杏仁 100 克,牛奶 250 克,
白糖 20 克,吉利丁片 10 克。

調味料

糖桂花適量。

烹飪 Tips

· 吉利丁片要用飲用水泡開。
  杏仁奶液涼至 70℃以下再放
  入吉利丁片,否則溫度過高
  吉利丁片會失效,不凝固。

· 沒有吉利丁片也可以用洋菜
  來做。用洋菜做,口感稍微
  硬一些。

山楂糕

零食小點

關鍵營養

膳食纖維
維生素 C

做法

01

山楂洗淨，去蒂去核。

02

山楂肉放入料理機中，加 500 克清水打成泥。

03

山楂泥倒入鍋中，放入綿白糖，小火慢煮。

04

煮的時候要不停攪拌，至木鏟掛薄糊，山楂泥不會流動合攏，即成果醬。

食材

山楂 650 克，綿白糖 300 克。

烹飪 Tips

- 煮山楂泥不要用鐵鍋，煮開後用木鏟不停攪動。

- 做好的山楂糕冷藏保存，無添加劑，儘快食用。

- 如果調理機功率不大，打得不夠細膩，可用濾網過濾一下，去掉果皮，口感更爽滑。

05

煮好的山楂醬倒入保鮮盒，完全冷卻，倒出切塊即可。

蜜汁金橘

零食小點

關鍵營養

維生素 C
碳水化合物

食材

金橘 400 克，蜂蜜 30 克，
白糖 50 克。

調味料

鹽少許。

烹飪 Tips

食用金橘時切勿去皮。金橘 80%
的維生素 C 都集中在果皮上。

做法

01

盆裡倒入清水，撒入少許鹽，倒入
金橘，浸泡 1 分鐘，撈出瀝乾。

03

切好的金橘用手指按扁。

05

水燒開後轉小火慢煮 10 分鐘，直至
糖水濃稠。

02

將金橘縱向等距切 5 ～ 7 刀，不要
切得過深，否則容易斷。

04

將所有金橘放入鍋中，加白糖和適
量清水。

06

關火，撈出瀝乾，淋入蜂蜜後放入
玻璃罐，放冰箱冷藏一天即可食用。

百里香烤紫紅蘿蔔

零食小點

關鍵營養

胡蘿蔔素

食材

迷你紫胡蘿蔔 6 根，
迷你胡蘿蔔 3 根。

調味料

鹽 3 克，橄欖油 10 克，
百里香適量。

烹飪 Tips

- 紫色胡蘿蔔不是轉基因產品，紫色蘿蔔才是胡蘿蔔的"老祖宗"。也可以用普通胡蘿蔔來做，但是味道不如迷你胡蘿蔔甘甜。

- 烤製時間根據自家烤箱脾氣調整，注意觀察，胡蘿蔔軟了，表面有些乾了就好了。

做法

01

將所有迷你胡蘿蔔洗淨，不用去皮。

02

迷你胡蘿蔔放入大碗中，撒上鹽和百里香，再倒入橄欖油拌勻，醃漬 10 分鐘。

03

把拌好的胡蘿蔔平鋪在墊了錫紙的烤盤上，放入預熱好的烤箱中層，上下火 200℃，烤 25 分鐘左右即可。

酸甜鵪鶉蛋

零食小點

掃 QR Code
看影片示範

關鍵營養

蛋白質

01 鵪鶉蛋放入鍋中煮熟。

02 去殼後，放入太白粉裡裹勻。

04 鍋中留底油，放入蒜末炒香，下番茄醬炒出紅汁。

03 鍋中放油，下鵪鶉蛋煎至金黃色，取出備用。

05 放入白糖炒勻，倒入 30 克清水。

06 放入煎好的鵪鶉蛋，裹勻番茄汁，撒上白芝麻即可出鍋。

食材

鵪鶉蛋 10 顆，白芝麻適量。

調味料

蒜末 5 克，番茄醬 15 克，
白糖 10 克，太白粉 20 克。

烹飪 Tips

白芝麻最好提前用乾鍋烘熟，這樣做出的菜口感更好。

毛巾捲

零食小點

掃 QR Code
看影片示範

關鍵營養

鈣
蛋白質

千層皮食材

雞蛋 2 個，細砂糖 40 克，
牛奶 250 克，沙拉油 25 克，
低筋麵粉 110 克，可可粉 7 克。

奶油夾餡食材

動物性鮮奶油 250 克，
細砂糖 25 克。

做法

01

雞蛋打入碗中，加細砂糖、沙拉油攪拌均勻。

02

加入牛奶攪拌均勻。

03

低筋麵粉、可可粉拌勻過篩，加入蛋液中。

04

麵糊過篩 2～3 遍，使麵糊細膩無顆粒。蓋保鮮膜，入冰箱冷藏 30 分鐘（麵糊靜置會沉澱，舀麵糊時要先攪一攪），下鍋前，混合好的麵糊應該是流動性很好的稀糊狀。

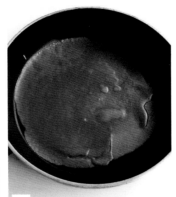

05

平底鍋中倒入一勺麵糊，轉動一下鍋，使麵糊均勻地鋪在鍋底（餅皮厚薄取決於麵糊的使用量，太厚容易開裂影響口感，太薄容易破）。第一張常常用來試溫度，不成功也不要心急，煎兩張就知道節奏了，要小火煎。

06

當餅皮表面起泡，就代表熟了，不要翻面，將鍋倒扣，使餅皮自然脫離，平攤在大盤子裡。

07

動物性鮮奶油加細砂糖，打至七八分就夠了，千萬不要打過，否則會影響卷層和口感。

08

取兩到三張餅皮，一張疊一張鋪開，取打好的動物性鮮奶油抹平，兩邊往裡折。

09

捲起後包保鮮膜，入冰箱冷藏定型（包保鮮膜是為了保存水分，保持餅皮的濕潤度，不乾燥開裂），取出後撒可可粉即可。

半熟芝士蛋糕

零食小點

掃 QR Code
看影片示範

關鍵營養

鈣
脂肪

做法

01
將奶油乳酪、動物性鮮奶油、無鹽奶油放在一個乾淨的大碗中。隔水加熱，攪拌到細膩濃稠。

02
將雞蛋的蛋白、蛋黃分開在兩個乾淨的盆中。將蛋黃分次加入奶油乳酪糊中，快速攪拌均勻。

03
牛奶中篩入低筋麵粉和玉米澱粉，攪拌均勻。

04
將牛奶麵糊倒入奶油奶酪糊中，放入冰箱冷藏 15 分鐘。

05
在蛋白中加幾滴白醋或者檸檬汁，低速打至起粗泡，加入細砂糖，低速開始打，慢慢加速，打至拉起打蛋器，垂下 三角尖頭（濕性發泡）。

06
把奶油乳酪糊從冰箱拿出。取 1/3 打發的蛋白加到奶油乳酪糊裡，切拌均勻。

07
將拌勻的乳酪糊倒入蛋白盆中，切拌均勻。

08
將乳酪蛋白麵糊倒入模具中，輕敲幾下。

09
在烤盤中注水，放入烤箱下層，水不要放太少，以免中途乾了。

10
水浴法，烤箱下層，上下火，180℃烤 15 分鐘，轉 150℃烤約 30 分鐘，轉 120℃烤約 30 分鐘即可。

食材

奶油乳酪 120 克，
動物性鮮奶油、牛奶各 50 克，
低筋麵粉 25 克，無鹽奶油 30 克，
雞蛋 3 顆，玉米澱粉 15 克，
細砂糖 45 克。

調味料

白醋或檸檬汁少許。

烹飪 Tips

- 做半熟芝士蛋糕，溫度很關鍵，有人用 160℃，有人用 140℃，都正常。但烤箱溫度過高會導致開裂。

- 選擇小模具可降低開裂風險，模具越小，開裂的風險越小。一般蛋白打發與溫控都做好，再選個小點的模具，就更保險了。

- 烤好後，取出，晾 3 分鐘，看到蛋糕邊緣脫開，將蛋糕模側拿，轉幾圈，蓋上一個平底盤，翻轉倒扣出蛋糕，再在蛋糕底部蓋上平盤，翻轉回正面，脫模完成。

巧克力裂紋曲奇

零食小點

掃 QR Code
看影片示範

關鍵營養

碳水化合物
脂肪

做法

01

無鹽奶油和黑巧克力切成小塊,放入碗裡,隔水加熱並不斷攪拌,直到奶油與巧克力成液態(注意不要讓水配方的泡打粉已經減少到合濺入碗裡)。

02

將碗從水中取出,加入細砂糖攪拌均勻。

03

分次加入打散的全蛋液,攪拌均勻成濃稠的糊狀。

04

低筋麵粉、可可粉、泡打粉混合過篩到巧克力糊裡。

05

繼續攪拌均勻,成為濃稠麵糊。將麵糊放入冰箱,冷藏至少1小時(也可冷藏過夜)。

06

冷藏後的麵糊會變硬,把硬麵糊揉成大小均勻的小圓球,放入糖粉裡滾一圈,讓圓球表面裹上厚厚的一層糖粉。

07

把裹好糖粉的圓球放在烤盤上,注意每個圓球之間保持足夠的距離,一次烤不完,可分盤烤。將烤盤放入,預熱上下火170℃的烤箱,烤20～25分鐘。當餅乾按下去外殼硬硬的時候,就可以出爐了。

食材

低筋麵粉 100 克,
黑巧克力 80 克,無鹽奶油 45 克,
細砂糖 50 克,
全蛋液 75 克(2 個雞蛋),
可可粉 20 克,泡打粉 2 克,
糖粉適量。

烹飪 Tips

- 泡打粉使曲奇呈現漂亮的裂紋,因此不可以省略,這個配方的泡打粉已經減少到合適的量了,不能再少了。

- 小圓球在烤的過程中會自動塌成圓餅狀,並出現漂亮的裂紋,所以小圓球之間一定要留出適當的距離,否則可能會連成一片。

蜂蜜杏仁乳酪條

零食小點

掃 QR Code
看影片示範

關鍵營養

碳水化合物
鈣

做法

01 杏仁加入蜂蜜，加熱攪拌均勻。

02 全麥消化餅乾放進食品袋裡，用擀麵棍壓碎。

03 將餅乾碎放入模具中，加入化開的無鹽奶油。

04 餅乾碎和奶油液混合，用勺子輕輕按實後放入冰箱冷藏。

05 軟化後的奶油乳酪加細砂糖攪拌至光滑無顆粒，用手動打蛋器即可。

06 加入蛋黃與全蛋的混合物，繼續攪拌均勻。

07 加入動物性鮮奶油拌勻。

08 加過篩後的玉米澱粉，擠入檸檬汁，拌勻，不要過度攪拌，即成乳酪糊。

09 將乳酪糊倒入餅底上，將蜂蜜杏仁片平鋪在乳酪糊表面。

10 烤箱預熱 180℃，預熱好後將烤盤放進烤箱中層，上下火烘烤 15 ～ 20 分鐘，表面呈金黃色。取出待涼透後切成長方條即可。

餅底食材

全麥消化餅乾 150 克，
無鹽奶油 40 克。

蛋糕體食材

奶油乳酪 250 克，檸檬半個，
杏仁 15 克，細砂糖 40 克，
全蛋、蛋黃各 1 個，
動物性鮮奶油 150 克，
玉米澱粉、蜂蜜各 20 克。

烹飪 Tips

- 奶油乳酪常溫軟化後只需要用刮刀或用手動打蛋器輕輕拌勻，無須用電動打蛋器打發，以免打發過程中進入過多空氣，導致成品不夠細膩。冬天如因部分地區室溫低，可將奶油乳酪隔溫水軟化後使用。

- 無須水浴，可直接熱烤。如果乳酪糊比較厚重，可在入模後用刮板輕輕刮平再烘烤。

- 由於檸檬汁和乳製品混合容易起反應，使奶製品結塊，最好與玉米澱粉一起放入乳酪糊中。

果味溶豆

零食小點

掃 QR Code
看影片示範

關鍵營養

維生素 C
蛋白質

01

火龍果去皮取果肉，在濾網上按壓，
濾出汁。

06

取 1 ／ 3 蛋白放火龍果糊中。

02

取火龍果汁，將奶粉和玉米粉過篩
到火龍果汁中。

03

攪拌均勻。

07

翻拌攪勻，然後倒入剩餘蛋白中，
先畫 "之" 字 2 次，不斷翻拌（不
要過度攪拌，否則會消泡）。拌勻
的麵糊流動性差，如果特別稀，就
是消泡了。

04

蛋白中加糖粉。

08

烤盤中鋪烘焙紙或烤盤布，將麵糊
裝入擠花袋中，擠到烤盤中。

05

打發至蛋白乾性發泡，可拉出短直
角。

09

預熱烤箱 100℃，預熱好後，將烤
盤放進烤箱中層，上下火烤約 60 分
鐘即可。

食材

火龍果半個，全脂奶粉 30 克，
玉米粉 10 克，蛋白 38 克，
糖粉 10 克。

烹飪 Tips

- 溶豆過稀不成形：一是蛋白
  打發不到位，沒打硬，蛋白
  會消泡。二是攪拌次數過
  多，時間過長。三是奶粉的
  乳脂含量過低導致消泡。

- 切記烤盤上鋪一張烘焙紙或
  者烤焙布，好取。

- 烤箱烘烤溫度：每個烤箱溫
  度各有差異，如果上色過
  度，建議降低溫度，烘烤結
  束後不要急著拿出烤盤，讓
  溶豆在烤箱中自然冷卻。

手鞠壽司

便攜便當

關鍵營養

碳水化合物
膳食纖維

做法

01

電鍋中放入洗淨的白米、海帶，先煮熟米飯。加海帶可增加鮮味。

02

煮飯的同時準備其他食材：北極蝦去殼；小黃瓜洗淨，刮薄片，切圓片和粒；胡蘿蔔、蓮藕洗淨，去皮，切片；小黃番茄、紅莧菜葉、菠菜、菜心洗淨。

03

煮好的米飯中倒入壽司醋，攪拌均勻，靜置入味。

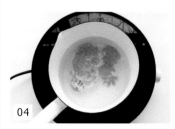

04

鍋中加水，放入清酒、味淋、白糖、鹽，下胡蘿蔔片、藕片煮 1 分鐘。

05

放入紅莧菜葉、菠菜、菜心煮軟，一同撈出，過涼。

06

鋪好保鮮膜，在保鮮膜中間鋪上米飯，大小隨自己的喜好，放上肉鬆、小黃瓜粒、北極蝦，用保鮮膜擰緊。

食材

白米 150 克，海帶、肉鬆、 北極蝦、小黃瓜、胡蘿蔔、海苔條、熟玉米粒、熟開背蝦、蓮藕、小黃番茄、紅莧菜葉、菠菜、菜心各適量。

調味料

清酒、味醂、白糖、魚鬆粉各 5 克，鹽 2 克，壽司醋 20 克。

烹飪 Tips

* 飯糰中間也可包自己喜歡的食材做餡料，但是不要包太多，否則容易散。

* 手鞠壽司基本上由兩部分組成：底部是壽司飯團，頂部是選擇的食材。一切食材皆有可能，發揮創造力，盡情享受自製手鞠 壽司的樂趣吧！

07

飯糰全部做好備用。

10

保鮮膜上放開背蝦，放上飯糰，用保鮮膜擰緊，整成球形，收口朝下擺放，靜置塑形。

08

另取一張保鮮膜，擺上胡蘿蔔片、熟玉米粒。

11

保鮮膜上放黃瓜片。

13

保鮮膜上放菜心、北極蝦。

09

放上飯糰，用保鮮膜擰緊，整成球形，收口朝下擺放，靜置塑形。

12

放上飯糰，用保鮮膜擰緊，整成球形，收口朝下擺放，靜置塑形。

14

放上飯糰，用保鮮膜擰緊，整成球形，收口朝下擺放，靜置塑形。

15

保鮮膜上放菠菜，放上飯糰，用保鮮膜擰緊，整成球形，收口朝下擺放，放上藕片，點綴蝦子。

16

飯糰蘸均魚鬆粉，放上紅莧菜葉。

17

保鮮膜上放胡蘿蔔片。

19

保鮮膜上放海苔條。

18

放上飯糰，用保鮮膜擰緊，整成球形，收口朝下擺放，靜置塑形。

20

放上飯糰，用保鮮膜擰緊，整成球形，收口朝下擺放，靜置塑形。

21

將做好的手鞠壽司放入便當盒中即可。

紫米飯糰

便攜便當

掃 QR Code
看影片示範

關鍵營養

碳水化合物
蛋白質

做法

01

紫米、長糯米放入電飯煲中，燜成米飯。

02

鵪鶉蛋煮熟，去殼。

03

壽司簾上面鋪保鮮膜，放上紫米飯，鋪勻。

04

鋪上洗淨的生菜葉。

05

放上鮪魚，擠上沙拉醬。

06

放上熟鵪鶉蛋。

07

用保鮮膜擰緊，整成球形，然後打保鮮膜，收口朝下擺放。

08

便當盒中鋪上生菜葉，放入做好的紫米飯糰，點綴白芝麻，再放上處理好的水果即可。

食材

紫米 30 克，長糯米 50 克，
鵪鶉蛋 8 個，生菜葉 4 片，
鮪魚罐頭 40 克，芒果 60 克，
草莓、甜杏各 2 顆，
熟白芝麻適量。

調味料

沙拉醬適量。

烹飪 Tips

飯糰的餡料和蔬菜水果可依自己的喜好搭配。

窩蛋臘腸煲仔飯

便攜便當

關鍵營養

碳水化合物
脂肪

做法

01

白米淘洗乾淨，加入水浸泡 1 小時。

02

臘腸切片備用。

03

菜心洗淨，汆燙水備用。

04

砂鍋底抹油。

05

白米倒入砂鍋中，加入水 100 克，大火煮開。

06

小火煲至米飯收乾水，呈蜂窩狀，用湯匙舀一勺油沿著鍋邊倒入。

07

放入臘腸片、薑絲，打入雞蛋，蓋上蓋，燜到米飯熟。

08

取一小碗，放入醬油、蠔油、魚露調成醬汁。

食材

白米 100 克，雞蛋 1 個，
廣式臘腸 2 根，菜心 2 棵。

調味料

薑絲、魚露各 5 克，
醬油、蠔油各 8 克。

烹飪 Tips

- 如何知道米飯已經熟了，因為不同的火候，煮飯時間不同，只要聽到鍋裡傳出“滋滋”聲，飯就差不多了，關火後不要立即打開蓋，讓米飯繼續燜一會兒。

- 醬汁可依自己的口味調整。

09

放上燙好的菜心，淋上醬汁即可。

馬鈴薯雞翅便當

便攜便當

掃 QR Code
看影片示範

關鍵營養

碳水化合物
蛋白質

做法

01

雞翅洗淨，用刀劃兩刀。

02

馬鈴薯、茭白筍洗淨，去皮，切塊。

03

醬油、蠔油放入碗中，加少許清水，調成醬汁。

04

鍋中放油，下蒜片爆香，放入雞翅煎至兩面微黃。

05

放入馬鈴薯塊、茭白筍塊。

06

倒入料汁，大火燒開。

07

轉小火，燉至雞翅軟爛，出鍋。

08

鍋中加水，將處理好的蘆筍、菜心、香菇燙熟。

09

便當盒中放入白飯，盛入燉好的馬鈴薯雞翅即可。

10

另一層便當盒中放入處理好的水果和蔬菜，擠上沙拉醬。

食材

米飯 1 碗，雞翅 4 個，
馬鈴薯、茭白筍各 30 克，
蘆筍 2 根，菜心 1 棵，
鮮香菇 1 朵，草莓 3 顆，
藍莓 15 克，水蜜桃 2 個。

調味料

蒜片 10 克，醬油、蠔油 5 克，
沙拉醬適量。

烹飪 Tips

蔬菜水果可依自己的喜好搭配。

紅燒巴沙魚蓋飯

便攜便當

掃 QR Code
看影片示範

關鍵營養

碳水化合物
膳食纖維

做法

01

醬油、鹽、胡椒粉放入碗中,加少許清水調成汁。

02

鍋中放入油,下蒜末炒香。

03

放入巴沙魚煎至金黃色。

04

倒入醬汁,轉小火燉至入味。

05

淋上香油,撒上蔥末出鍋。

06

米飯整成卡通形狀。

07

卡通飯糰放入便當盒,放上巴沙魚。

08

青花椰菜、秋葵洗淨,燙熟,撈出後青花椰菜切塊、秋葵切段。

食材

巴沙魚 2 片,米飯 1 碗,
花椰菜 30 克,秋葵 2 根,
紫生菜葉、綠生菜葉各 1 片,
小黃番茄、小紅番茄各 2 個,
櫻桃 4 顆,甜杏 1 顆。

調味料

蒜末 20 克,
醬油、蔥末各 5 克,
鹽 1 克,胡椒粉 2 克,
香油適量。

烹飪 Tips

- 水果和蔬菜可根據自己的喜好更換。

- 也可將巴沙魚換成鱈魚,一樣美味。

09

另一層放入所有處理好的蔬菜和水果即可。

Part.7
日常調理餐

烏梅蜜番茄

健脾益味促進食慾

掃 QR Code
看影片示範

關鍵營養

維生素 C

食材

小紅番茄 6 個，
小黃番茄各 5 個，
烏梅 5 顆。

調味料

蜂蜜 5 克。

烹飪 Tips

除了烏梅之外，還可用話梅、情
人梅等各種小食品搭配出美味沙
拉。另外，烏梅、蜂蜜的用量依
據自己的口味調整。

做法

01

烏梅去核，烏梅肉切成非常碎的碎
末。

02

小番茄洗淨，切小塊，放入碗中。

03

將烏梅碎末倒入盛番茄塊的碗中，
淋入少許蜂蜜。

04

拌勻後，放入冰箱冷藏 30 分鐘，讓
番茄軟化，吸收一下梅子的味道。

杏甘小排

健脾益味促進食慾

關鍵營養

蛋白質
膳食纖維

做法

01

將豬肋排斬成寸段，洗淨。

04

放入番茄醬、白糖、醬油翻炒均勻。

02

排骨冷水下鍋，加花椒汆燙，撈出後放涼。

05

再放入排骨醬。

食材

豬肋排 400 克，杏甘 80 克。

03

鍋中倒底油，下入排骨，煎至表面金黃。

06

加入適量清水，燉煮 20 分鐘至排骨酥爛。

調味料

番茄醬、排骨醬各 10 克，
白糖、醬油各 5 克，
花椒 2 克。

烹飪 Tips

- 杏甘不宜放得過早，煮太爛，口感就不好了。

- 這款排骨既可熱吃，也可冷藏後食用。

07

將杏甘洗淨，撕開，下入杏甘再燉 5 分鐘即可。

金湯海參

提高免疫力

掃 QR Code
看影片示範

食材

泡發海參 3 隻，
蒸南瓜 200 克，
白玉菇 150 克。

調味料

雞湯 1 碗，鹽 2 克，
米酒 10 克，
太白粉水、香油各適量。

烹飪 Tips

- 海參也可以切片，海參本身沒有味道，需用雞湯煨至入味。
- 南瓜也可以不用調理機打至順滑，只是口感略遜。

關鍵營養

蛋白質
維生素 B 群

做法

01

白玉菇去根，用淡鹽浸泡 10 分鐘，撈出瀝乾水分。

02

蒸南瓜放入調理機中打至順滑。

03

鍋中加雞湯和清水，放入海參、白玉菇煮 5 分鐘。

04

加入南瓜泥不斷攪拌。

05

煮開後加入米酒、鹽調味。

06

用太白粉水勾薄芡，點香油即可出鍋。

香菇山藥粥

提高免疫力

關鍵營養

碳水化合物
鈣

食材

藜麥 20 克，鮮香菇 2 朵，
白米、山藥、綠花椰菜各 30 克。

烹飪 Tips

- 最後也可以加鹽等進行調味。
- 煮粥的時候多攪拌，以免糊鍋。

做法

01

白米、藜麥分別洗淨。

02

香菇、綠花椰菜洗淨，切丁；山藥洗淨，去皮，切丁。

03

將白米、藜麥放入鍋中，加適量清水，大火燒開後轉小火燜煮 40 分鐘，至濃稠。

04

放入香菇丁、山藥丁、綠花椰菜丁，再煮 5 分鐘即可。

鱈魚粥

建腦益智

關鍵營養
鋅
DHA

食材

小米 20 克,鱈魚 50 克,
白米、胡蘿蔔各 30 克,
檸檬半個。

調味料

薑絲 5 克,鹽 1 克,
胡椒粉 2 克。

烹飪 Tips

鱈魚中加入檸檬汁,可以去腥
味。

做法

01

白米、小米分別洗淨。

02

鱈魚切丁,放入碗中,放入薑絲、
鹽、胡椒粉拌勻,擠上檸檬汁。

03

白米、小米放入鍋中,加適量清水,
大火燒開後轉小火燜煮 40 分鐘,至
濃稠。

04

放入鱈魚丁,煮 1 分鐘。

05

胡蘿蔔洗淨、切丁,放入鍋中,再
煮 5 分鐘即可出鍋。

牡蠣煎蛋

建腦益智

掃 QR Code
看影片示範

食材

牡蠣 400 克，雞蛋 4 個，
韭菜 30 克，水發木耳 30 克。

調味料

鹽 3 克，太白粉、米酒各 10 克。

烹飪 Tips

煎蛋時可放少許水，略焗一下，
這樣蛋不容易焦糊。

關鍵營養

鋅
蛋白質

做法

01

牡蠣取肉，放入水裡，加太白粉輕
輕抓洗，沖洗乾淨後，放入鹽水中
輕輕抓洗，沖淨。

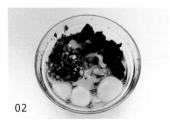

02

牡蠣放入大碗中，加入洗淨切末的
韭菜、木耳，打入雞蛋。

03

放入太白粉、鹽、米酒攪拌均勻。

04

鍋中放油，將牡蠣蛋液倒入鍋中，
攤平。

05

蛋液凝固，翻面，不要煎太老。水
份蒸發即可裝盤。

芙蓉蛋捲

保護視力

關鍵營養

蛋白質
胡蘿蔔素

做法

01

胡蘿蔔洗淨、切塊，和蝦仁一起放入調理機打成蝦泥。

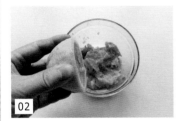

02

蝦泥中加鹽、白胡椒粉，擠入檸檬汁，拌勻。

03

雞蛋打散。

04

平底鍋內刷上一層薄薄的油，燒熱後倒入蛋液，攤成蛋餅。

05

把蛋餅平鋪，稍稍放涼。用小勺舀蝦泥，均勻地鋪在蛋餅上。

06

捲成蛋捲，可抹太白粉水封口。

食材

雞蛋 2 個，蝦仁 50 克，
胡蘿蔔 30 克，檸檬半個。

調味料

鹽 1 克，
白胡椒粉、太白粉水各適量。

烹飪 Tips

- 餡料多一點也無妨，吃起來不會膩口。

- 蒸製時間要看蛋捲的大小。還可以根據口味多捲上一層紫菜。

07

上鍋隔水蒸 10 分鐘即可。

松仁玉米

保護視力

掃 QR Code
看影片示範

關鍵營養

胡蘿蔔素
膳食纖維

做法

01

胡蘿蔔洗淨,切丁;鮮豌豆粒洗淨。

03

炒鍋燒至溫熱,放入松仁乾炒至略變金黃、出香味,取出備用。

02

鍋中加清水,放入玉米粒、豌豆粒煮至八成熟,取出備用。

04

炒鍋中倒入油燒熱,加蔥末煸出香味,放入玉米粒、豌豆粒、胡蘿蔔丁翻炒至熟。

05

加入鹽和白糖,翻炒均勻後加入松仁炒勻即可。

食材

玉米粒 200 克,松仁 30 克,
胡蘿蔔、豌豆粒各 50 克。

調味料

蔥末 5 克,鹽 3 克,
白糖 8 克。

烹飪 Tips

松仁一定要起鍋時再加入,才能保持酥脆口感。

乳酪雞翅

助長增高

掃 QR Code
看影片示範

關鍵營養

鈣
蛋白質

食材

雞翅 6 個，檸檬半個，
乳酪 2 片。

調味料

鹽、胡椒粉各 2 克。

烹飪 Tips

乳酪含鹽，有鹹味，注意鹽的用
量。

做法

01

雞翅洗淨，正反兩面各劃一刀；檸
檬切片。

02

雞翅放入碗中，調入鹽、胡椒粉，
加入檸檬片，醃漬 2 小時。

03

鍋中放油，下雞翅煎至兩面金黃。

04

倒入清水，沒過雞翅一半，燉至軟
爛。

05

乳酪切條，放在雞翅上，小火收乾
湯汁，待乳酪化即可出鍋。

黑豆排骨湯

助長增高

關鍵營養

蛋白質
鐵

黑豆 50 克，排骨 400 克。

調味料

鹽 3 克，
蔥段、薑片各 5 克。

烹飪 Tips

這款湯原汁原味，如果想讓滋味
多種變化，可依喜好加入山藥、
香菇、筍片等。

做法

01

黑豆提前用清水泡 6 小時以上；排骨洗淨，切塊。

02

將排骨塊與涼水一起下鍋，大火煮開，撈除浮沫。

03

加入黑豆、蔥段、薑片。

04

轉小火，煮 2 小時左右，加鹽調味即可。

Part.8
飲品

五豆豆漿

飲品

食材

黃豆 30 克，
黑豆、青豆、花豆、芡實各 10 克。

調味料

蜂蜜或紅糖適量。

做法

1. 將所有食材洗淨，泡 4 小時，放入豆漿機中，加適量水，按"豆漿"鍵。

2. 打好後調入蜂蜜或紅糖即可。

奶香花生漿

飲品

食材

花生 50 克，白米 20 克，
牛奶 200 克。

做法

1. 提前將花生和白米浸泡 3 小時以上。

2. 將泡好的花生和白米放入豆漿機中，按"豆漿"鍵。

3. 用濾網濾去渣，加入牛奶即可。

山藥黑芝麻糊

飲品

食材

山藥 100 克，熟黑芝麻 30 克，糯米 50 克。

調味料

冰糖適量。

做法

1. 糯米洗淨；山藥洗淨，去皮，切丁。

2. 將山藥丁、黑芝麻、糯米放入豆漿機中，加水，按"米糊"鍵打糊，調入冰糖即可。

蘋果西芹紅蘿蔔汁

飲品

食材

胡蘿蔔 1 根，蘋果 1 個，西芹 2 根。

做法

1. 胡蘿蔔、蘋果、西芹洗淨，蘋果去皮及核、切塊，胡蘿蔔切塊，西芹切段。

2. 將所有食材放入榨汁機中，加適量水打汁即可。

火龍果汁

飲品

紅心火龍果 1 個。

做法

1. 火龍果去皮，切塊。

2. 火龍果放入榨汁機中，不用加水，打汁拌勻即可。

香蕉雪梨奶昔

飲品

食材

雪梨 1 個，香蕉 1 根，
優酪乳 200 克。

做法

1. 香蕉去皮，切塊；雪梨洗淨，去皮、核，切小塊。

2. 將雪梨塊、香蕉塊放入榨汁機中，加優酪乳攪拌成稠汁即可。

Cooking 04

兒童營養餐親手做 附影音教學

作　　者 ｜ 梅依舊

總 編 輯 ｜ 薛永年

美術總監 ｜ 馬慧琪

文字編輯 ｜ 董書宜

封面設計 ｜ 黃重谷、陳貴蘭
版面構成

出 版 者 ｜ 優品文化事業有限公司
　　　　　地址：新北市新莊區化成路 293 巷 32 號
　　　　　電話：(02) 8521-2523
　　　　　傳真：(02) 8521-6206
　　　　　E-mail：8521service@gmail.com
　　　　　（如有任何疑問請聯絡此信箱洽詢）

印　　刷 ｜ 鴻嘉彩藝印刷股份有限公司

業務副總 ｜ 林啟瑞 0988-558-575

總 經 銷 ｜ 大和書報圖書股份有限公司
　　　　　地址：新北市新莊區五工五路 2 號
　　　　　電話：(02) 8990-2588
　　　　　傳真：(02) 2299-7900

出版日期 ｜ 2021 年 05 月

版　　次 ｜ 一版一刷

定　　價 ｜ 420 元

國家圖書館出版品預行編目 (CIP) 資料

兒童營養餐親手做 / 梅依舊著. -- 一版 . -- 新北市：
優品文化事業有限公司 , 2021.05
　面； 公分 . -- (Cooking；4)
ISBN 978-986-06127-8-3(平裝)

1. 食譜

427.1　　　　　　　　　　　　　　110001786

建議分類：食譜、料理

Youtube 頻道　　　　上優好書網　　　　Facebook 粉絲專頁